解 读 地 球 密 码

丛书主编　孔庆友

华夏裂谷

沂沭断裂

Yishu Faults
The Rift Valley of China

本书主编　冯克印　左晓敏　常文博

山东科学技术出版社

·济南·

图书在版编目（CIP）数据

华夏裂谷——沂沭断裂 / 冯克印，左晓敏，常文博主编 . -- 济南：山东科学技术出版社，2016.6（2023.4重印）

（解读地球密码）

ISBN 978-7-5331-8348-6

Ⅰ . ①华… Ⅱ . ①冯… ②左… ③常… Ⅲ . ①断裂带—普及读物 Ⅳ . ① P544-49

中国版本图书馆 CIP 数据核字 (2016) 第 141398 号

丛书主编　孔庆友

本书主编　冯克印　左晓敏　常文博

华夏裂谷——沂沭断裂

HUAXIA LIEGU——YISHU DUANLIE

责任编辑：焦　卫　宋丽群

装帧设计：魏　然

主管单位：山东出版传媒股份有限公司

出　版　者：山东科学技术出版社
地址：济南市市中区舜耕路 517 号
邮编：250003　电话：（0531）82098088
网址：www.lkj.com.cn
电子邮件：sdkj@sdcbcm.com

发　行　者：山东科学技术出版社
地址：济南市市中区舜耕路 517 号
邮编：250003　电话：（0531）82098067

印　刷　者：三河市嵩川印刷有限公司
地址：三河市杨庄镇肖庄子
邮编：065200　电话：（0316）3650395

规格：16 开（185 mm×240 mm）

印张：6.5　字数：117 千

版次：2016 年 6 月第 1 版　印次：2023 年 4 月第 4 次印刷

定价：32.00 元

审图号：GS（2017）.1091 号

普及地质科学知识
提高民族科学素质

李廷栋
2016年元月

传播地学知识，弘扬科学精神，
践行绿色发展观，为建设
美好地球村而努力。

瞿裕生
2015年10月

贺　词

　　自然资源、自然环境、自然灾害，这些人类面临的重大课题都与地学密切相关，山东同仁编著的《解读地球密码》科普丛书以地学原理和地质事实科学、真实、通俗地回答了公众关心的问题。相信其出版对于普及地学知识，提高全民科学素质，具有重大意义，并将促进我国地学科普事业的发展。

国土资源部总工程师　　　　　　　

　　编辑出版《解读地球密码》科普丛书，举行业之力，集众家之言，解地球之理，展齐鲁之貌，结地学之果，蔚为大观，实为壮举，必将广布社会，流传长远。人类只有一个地球，只有认识地球、热爱地球，才能保护地球、珍惜地球，使人地合一、时空长存、宇宙永昌、乾坤安宁。

山东省国土资源厅副厅长　　　　　　　

编著者寄语

★ 地学是关于地球科学的学问。它是数、理、化、天、地、生、农、工、医九大学科之一，既是一门基础科学，也是一门应用科学。

★ 地球是我们的生存之地、衣食之源。地学与人类的生产生活和经济社会可持续发展紧密相连。

★ 以地学理论说清道理，以地质现象揭秘释惑，以地学领域广采博引，是本丛书最大的特色。

★ 普及地球科学知识，提高全民科学素质，突出科学性、知识性和趣味性，是编著者的应尽责任和共同愿望。

★ 本丛书参考了大量资料和网络信息，得到了诸作者、有关网站和单位的热情帮助和鼎力支持，在此一并表示由衷谢意！

科学指导

李廷栋 中国科学院院士、著名地质学家
翟裕生 中国科学院院士、著名矿床学家

编著委员会

主　　任	刘俭朴　李　琥
副 主 任	张庆坤　王桂鹏　徐军祥　刘祥元　武旭仁　屈绍东
	刘兴旺　杜长征　侯成桥　臧桂茂　刘圣刚　孟祥军
主　　编	孔庆友
副 主 编	张天祯　方宝明　于学峰　张鲁府　常允新　刘书才
编　　委	（以姓氏笔画为序）

卫　伟　王　经　王世进　王光信　王来明　王怀洪
王学尧　王德敬　方　明　方庆海　左晓敏　石业迎
冯克印　邢　锋　邢俊昊　曲延波　吕大炜　吕晓亮
朱友强　刘小琼　刘凤臣　刘洪亮　刘海泉　刘继太
刘瑞华　孙　斌　杜圣贤　李　壮　李大鹏　李玉章
李金镇　李香臣　李勇普　杨丽芝　吴国栋　宋志勇
宋明春　宋香锁　宋晓媚　张　峰　张　震　张永伟
张作金　张春池　张增奇　陈　军　陈　诚　陈国栋
范士彦　郑福华　赵　琳　赵书泉　郝兴中　郝言平
胡　戈　胡智勇　侯明兰　姜文娟　祝德成　姚春梅
贺　敬　徐　品　高树学　高善坤　郭加朋　郭宝奎
梁吉坡　董　强　韩代成　颜景生　潘拥军　戴广凯

编辑统筹 宋晓媚　左晓敏

目 录
CONTENTS

1

中生代后的构造演化/16

　　中生代以来该地区位于环太平洋构造，区域构造应力来源于原始太平洋板块在100 Ma前后的高速斜向俯冲。其北北东向的构造分量造成中国东部的左旋走滑运动，并使一系列先存的基底构造重新活动和发展壮大。

沂沭断裂矿藏多

能源矿产储量大/20

　　沂沭断裂带内蕴藏着丰富的能源矿产，主要有煤、油页岩、石油、天然气及地热等能源。临沂市的地热资源最为丰富，有"中国地热城"的美誉。

金属矿产种类多/27

　　沂沭断裂带内岩浆－火山活动形成了一系列的金属矿产，包括各种类型的金矿、铁矿、钛铁矿、铅锌矿等。平邑归来庄金矿是目前我国首次发现的规模最大的隐爆角砾岩型金矿床。

非金属矿产具特色/33

　　沂沭断裂带内蕴藏着丰富的非金属矿产，包括著名的金刚石和蓝宝石，还有金钱石、临朐彩石等山东著名的观赏石。

Part 4 沂沭断裂景观萃

火山地貌景观/48

沂沭断裂带的演化过程都伴随了大量的火山喷发，沿沂沭断裂带发育有昌乐、郯城等典型古火山。昌乐是山东省东部新生代火山岩的主要分布区，是山东省规模最大、保存最完整、特征最典型的古火山口群。

岱崮地貌景观/54

岱崮地貌主要分布在鲁中南低山丘陵区域，较为知名的崮不下百座，形成了风景壮美的沂蒙崮群，"沂蒙七十二崮"呈崮群集中连片分布，令天下称奇。

构造形迹景观/62

沂沭断裂带的活动造就了多种构造形迹，形成了丰富的构造形迹景观，主要包括典型的褶皱和断层，在昌乐、临沭及郯城表现较为突出。马陵山区是沂沭断裂带出露最好、各种构造形迹齐全的地段，规模壮观，内容丰富，保存完好。

Part 5 沂沭断裂震害强

沂沭断裂地震带/69

沂沭断裂带是一条至今仍在继续活动的活动断裂，断裂带及其附近的地震活动从未间断过。

旷古奇灾——郯城大地震/71

1668年的郯城大地震是有史以来我国东部破坏最为强烈的地震，是在中国东部人口稠密地区影响最广和损失惨重的一次地震。

Part 6 郯庐断裂纵横谈

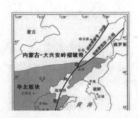

巨大的郯庐断裂带/81

郯庐断裂带北起黑龙江的佳木斯，经吉林伊通，辽宁沈阳，过渤海到鲁中、苏北、皖中最终达长江北岸的广济一带，在我国境内绵延2 400多km，往北进入俄罗斯境内，总长度近5 000 km。同时它还是一条向下延伸，切穿地壳直达上地幔的断裂破碎带。

神奇的郯庐断裂带/84

郯庐断裂带是一条神奇的断裂带，它经历了多期构造，是一条"长寿"的以剪切运动为主的深断裂带，同时它还是一条重要的成矿带和闻名于世的地震活动带。

地学知识窗

沂沭断裂揭面纱

Part 1

沂沭断裂带亦称"沂沭深大断裂带"，是号称"中国大裂谷"的郯庐断裂带的山东部分。它南起郯城，北入渤海，因大致位于沂河与沭河之间而得名。

走进沂沭断裂带

沂沭断裂带亦称"沂沭深大断裂带"，它南起郯城，北入渤海，因大致位于沂河与沭河之间而得名。沂沭断裂带是号称"中国大裂谷"的郯庐断裂带的山东部分。郯庐断裂带是中国东部著名的郯城—庐江大断裂带的简称，因山东郯城和安徽庐江位于断裂带上而得名。郯庐断裂带形成于中元古代，是一条经历了长期、复杂演化过程的"长寿"断裂带。它还是一条规模宏伟、名扬中外的巨型断裂带，在我国境内绵延2 400多km。一般认为，郯庐断裂带南起湖北的广济，经安徽的庐江、山东的郯城，跨越渤海海峡，至沈阳附近分为东、西两支：东支经敦化、密山延至俄罗斯远东地区，直至萨哈林湾；西支经舒兰、依兰一线延入俄罗斯。郯庐断裂带露头最清晰的部位是山东段的沂沭断裂。

沂沭断裂带纵贯山东省的中部，全长360 km，整体走向为北东10°～25°，东西跨度为20～40 km，中间宽、两端窄。其范围，南达山东郯城，北抵渤海莱州湾，东接五莲山，西止沂山和蒙山，主要涉及临沂市（包括沂水县、沂南县、费县、苍山县、郯城县），青岛市（包括莱州市、平度市），日照市（包括莒县、五莲县），潍坊市（包括昌乐县、昌邑市、寿光市、临朐县、安丘市、诸城市），淄博市（包括沂源县）等主要和部分辖区。在地形上，沂沭断裂带表现为中间高、南北低，中部为山地和丘陵地带，海拔600～900 m，向南、北两端逐渐过渡为平原区，海拔200～450 m。

沂沭断裂带形成时间早，演化历史长，断裂活动复杂。在这个断裂带上曾发生过1668年"旷古奇灾"的郯城大地震，给人们带来了巨大的灾难，然而这条断裂带内还蕴藏着煤、石油、金刚石、铁、铜等丰富多样的矿产资源，也造就了如火山 地质景观。
地貌景观、崮形地貌、构造行迹等多样的

沂沭断裂带特征

一、影像特征

1. 遥感影像特征

沂沭断裂带遥感解译图（图1-1）
显示，沂沭断裂带主要由四条北北东走
向的大型活断层（F_1、F_2、F_3、F_4）组
成，其东侧两条断层（F_1、F_2）之间还
发育了一条分布于安丘和莒县之间且走
向与之平行的断层（F_5），这五条断裂
还被一系列北西或北东向的小断层切
割。除此之外，在沂沭断裂带周边，还
分布有东侧的北东向活断层系和西侧的
北西向活断层系，沂沭断裂带正好位于
两大构造体系的交界处。

结合区域地质资料遥感解译图可知，
图中绿色主要为植物的反射色，桃红色和
粉红色为太古代变质岩和元古代的沉积盖
层反射色，紫色为中生代的沉积碎屑岩的

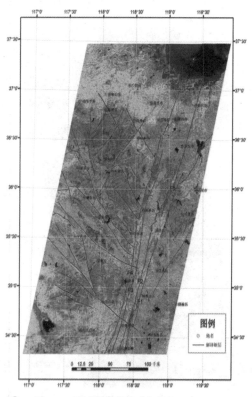

图1-1　沂沭断裂带遥感解译图

反射色,深蓝色则是河流、湖泊和海洋的反射色。

2. 数字高程模型影像特征

数字高程模型(DEM)是地球表面地形地貌的数字表达与模拟。随着地貌学与地质学的相互交叉融合,利用数字高程模型对地形分析的研究已得到广泛应用。数字高程模型数据不仅包含了高程信息,还能反映地形的起伏变化,因而基于数字高程模型的构造地貌分析相对于遥感影像更具可行性和可视性。

从数字高程模型解译图(图1-2)可以看出,沂沭断裂带内地势总体特征为横向上中间低、两侧高,纵向上中间高、向南北两端逐渐降低。断裂带两侧以山地为主,海拔在500 m以上;断裂带内,中部以山地和丘陵为主,海拔200~500 m;南北两端则呈现为低山丘陵和冲积平原。断裂带内的水系大多沿着断层走向分布,以沂水、沭水最为典型。断层的活动直接影响了带内地貌和河流的形成与演化。

二、地质特征

沂沭断裂带介于鲁西地块与胶东地块、苏鲁造山带之间(图1-3)。以沂沭断裂为界,其东西两侧地层建造、变形变质特征、构造演化及成矿作用均有较大的不同。鲁西构造区的基底岩系为太古界沂水岩群、泰山岩群和新元古界土门群,三者之间均有较长时间的沉积间断。鲁东构造区的基底建造为太古界胶东岩群、古元古界荆山群、粉子山群和新元古界的蓬莱

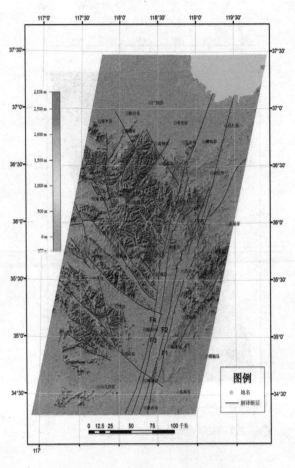

图1-2　沂沭断裂带DEM解译图

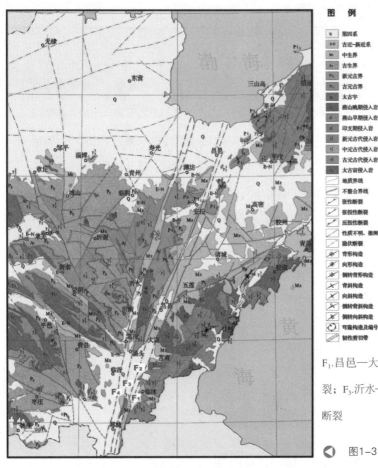

图　例

Q	第四系
E-N	古近—新近系
Mz	中生界
Pz	古生界
Pt₃	新元古界
Pt₁	古元古界
Ar	太古宇
γ₅³	燕山晚期侵入岩
γ₅²	燕山早期侵入岩
γ₄	印支期侵入岩
γ₃	新元古代侵入岩
γ₂	中元古代侵入岩
γ₁	古元古代侵入岩
Ar	太古宙侵入岩

地质界线
不整合界线
张性断裂
张扭性断裂
压扭性断裂
性质不明、推测断裂
隐伏断裂
背形构造
向形构造
倒转背形构造
背斜构造
向斜构造
倒转背斜构造
倒转向斜构造
可隐构造及编号
韧性剪切带

F₁.昌邑—大店断裂；F₂.安丘—莒县断裂；F₃.沂水—汤头断裂；F₄.郯郚—葛沟断裂

◀ 图1-3　沂沭断裂带地质构造简图

群。两区盖层岩石亦有较大的区别，鲁西构造区发育早古生代寒武—奥陶纪建造、晚古生代石炭—二叠系二套建造，而鲁东构造区缺失古生代全部地层建造。直至中生代中上部地层建造两区才基本可以进行对比。

鲁西和鲁东地区岩浆岩的规模和类型有着显著的差别。就侵入岩体而言，鲁西地区仅发育规模较小且呈零星分布的闪长岩体；鲁东地区则广泛发育一系列规模较大的花岗岩体，其出露面积约占鲁东地区面积的一半。

——地学知识窗——

岩石地层单位

岩石地层单位是根据可观察到并呈现总体一致的岩性（或岩性组合）、变质程度或结构特征，以及与相邻地层间关系所定义和识别的一个三维空间的岩石体。一个岩石地层单位可以由一种或多种沉积岩、喷出岩或其变质岩组成。单位的鉴别要求是整体岩石特征的一致性。岩石地层单位包括"群""组""段"和"层"四级。群是岩石地层的最大单位，一般由纵向上相邻两个或两个以上具有共同岩性特征的组联合而成，是比组高一级的岩石地层单位，群的上下界限往往为明显的沉积间断面（假整合和角度不整合），群内不能有明显的沉积间断或不整合存在。

三、构造特征

沂沭断裂带主体由4条断裂组成（图1-4），自东向西依次为昌邑—大店断裂（F_1）、安丘—莒县断裂（F_2）、沂水—汤头断裂（F_3）和鄌郚—葛沟断裂（F_4）。四条断裂（$F_1 \sim F_4$断裂）之间相互夹持形成了"两堑夹一垒"的构造格局。

——地学知识窗——

断裂带和断裂构造

断裂带亦称"断层带"，是由主断层面及其两侧破碎岩块以及若干次级断层或破裂面组成的地带。在靠近主断层面附近发育有构造岩，以主断层面附近为轴线向两侧扩散，一般依次出现断层泥或糜棱岩、断层角砾岩、碎裂岩等，再向外即过渡为断层带以外的完整岩石。

断裂又称断裂构造，是指岩石因受地壳内的动力沿着一定方向产生机械破裂，失去其连续性和整体性的一种现象。断裂构造可分为解理和断层。解理是指岩石裂开而裂面两侧无明显相对位移的构造；断层是岩层或岩体顺破裂面发生明显位移的构造。

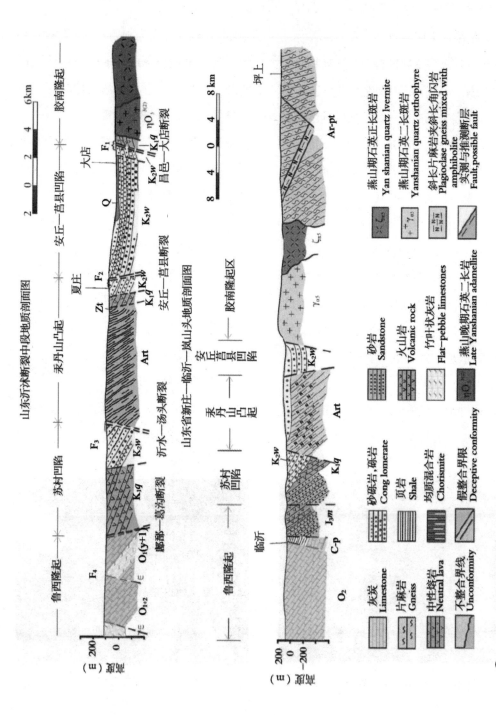

图1-4　过郯庐断裂带山东段地质剖面（《山东省区域地质志》，1991）

1. 昌邑—大店断裂

该断裂是一条规模较大，活动和演化历史较长，目前向左活动的断裂，它东、西两盘在各方面完全一致，实际其已失去原来分划断层意义。其性质应以压扭性的断裂为主，平移距离甚小，其可能是在沂沭断裂带左行大平移的后期活动才形成的断层。据地震测深资料，这条断裂基本是切穿地壳深入上地幔的超壳断裂。

2. 安丘—莒县断裂

该断裂为区内规模最大的断裂之一，总体走向为10°～20°，倾向北西西或南东东，倾角近于直立，是产状变化最大的一条断裂（图1-5）。北起安丘市穆村镇，经安丘白芬子，诸城市孟疃、茅埠、青峰岭，莒县一线。断裂主要有两支：一支为白芬子—浮来山断裂，为八亩地组形成以前的压扭性平移断裂，该组形成以后则活动性减弱，并被长期改造，区域上连贯性差；另一支为安丘—莒县方向的断裂，为大盛群沉积时形成、新生代仍活动的断裂。区域上延伸稳定且较平直。

3. 沂水—汤头断裂

该断层是控制汞丹山单斜断拱与马站—苏村半潜断陷的分划断层，总体走向15°，中段10°，北段25°，总体北西西倾，倾角一般为35°～70°，呈正断层外貌（图1-6）。

4. 郚郜—葛沟断裂

该断裂是沂沭带最西边的一条断裂带。南北两端均被第四系覆盖，北端在潍坊

图1-5　郯城麦坡安丘—莒县断裂

图1-6　潍坊市昌乐县境内沂水—汤头断裂出露（向东南拍摄）

二甲村一带开始出露，向南潜伏于第三系玄武岩之下，在郯鄙一带又裸露地表，断裂总体走向为18°，中段10°，北段23°，总体南东东倾，倾角一般为80°左右，呈正断层外貌。

沂沭断裂带有着长期活动的历史，且不同区段、不同时期活动方式不尽相同，因此内部结构颇为复杂，但就现今所呈现出的面貌而论，基本上为"两堑夹一垒"的构造型式，这主要是由白垩纪以来的差异升降运动所造成的。"两堑"分别指东侧的安丘—莒县地堑（简称东地堑）和西侧的马站—苏村地堑（简称西地堑），"一垒"为介于其间的汞丹山地垒（图1-7）。

5. 汞丹山地垒

夹持于安丘—莒县断裂与沂水—汤头断裂之间，长约170 km，宽10～30 km，

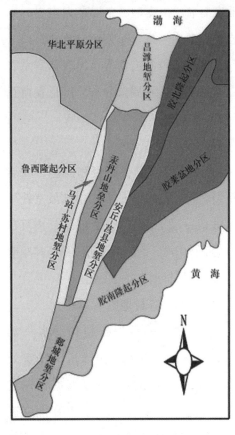

图1-7　沂沭断裂带及周边地层分区简图（据王小凤等，2000年改）

——地学知识窗——

地垒和地堑

断层往往成组出现，形成各种组合形态，地垒和地堑是两种特殊的组合形态。地垒是指两侧被断层所切，可以是两个，也可以是多个，中央部分相对上升，两侧相对下降的构造；地堑则正好相反，其中央部分相对下降，而两侧部分相对上升。

北宽南窄。出露地层主要是太古界沂水岩群和泰山岩群，东侧还发育青白口—震旦纪土门群和古生界，另有侏罗系、白垩系及新近系局部分布，广泛发育花岗岩。

6. 安丘—莒县地堑

处于安丘—莒县断裂和昌邑—大店断裂之间，长约160 km，中部最宽处可达15 km，北部最窄处仅2 km。堑内沉积白垩系青山群、大盛群和王氏群，其厚度据物探资料推测有2～5 km。

7. 马站—苏村地堑

处于郎部—葛沟断裂和沂水—汤头断裂之间，长达150 km，最宽处近10 km。其内白垩系厚度据物探资料显示为1～2 km，说明其基底深度远比安丘—莒县地堑为小，事实也是如此，在这里可见大面积的太古界泰山岩群、古生界及少量土门群出露。

马站—苏村地堑与安丘—莒县地堑，在沂沭断裂带南部合二为一，称郯城地堑。该地堑呈北北东向条带状展布，大部分被第四系覆盖，基岩出露面积很小，主要为白垩纪青山群与大盛群。沂沭断裂带北部也有一地堑，为昌潍地堑，主要表现为白垩纪和古近纪早期地堑，新近纪以来被第四系覆盖。

四、深部构造特征

一系列横穿沂沭断裂带的地学断面，提供了该断裂带下丰富的岩石圈结构信息。地学断面揭示，沂沭断裂带下莫霍面呈过渡带现象，起伏变化不大，这也与重力场特征相吻合。临沂东的断裂带，处于莫霍面较浅的鲁西地块与较深的胶南造山带之间的过渡带，其下莫霍面与下地壳一起向西挠曲抬起，在15 km 宽的范围内变化的幅度不到2 km。嘉山北断裂带下，莫霍面稍向西倾斜，主要与两侧块体的莫霍面埋深变化有关，同样起伏不大。在这些地学断面上，仅有下辽河段的郯庐断裂带下出现了莫霍面的明显上拱，深仅31 km，较西侧高出4～5 km。该处莫霍面也呈现为过渡带的特征，地震波呈多个波组，地壳与上地幔横向不均匀最为显著。

沂沭断裂带下最显著的岩石圈结构表现为普遍的软流圈明显上隆。下辽河段的郯庐断裂带下的软流圈也出现了大幅度的上隆，深度为86～88 km，比东侧海城一带抬升了23 km，比西侧间阳（与燕山台褶带交界处，深112 km）一带抬升了26 km。该处断裂带下软流圈顶面与莫霍面虽皆相似地抬升，但前者抬升的幅度要显著大于后者。临沂东沂沭断裂带下，软流圈也强烈上隆，埋深仅60 km，最高点偏向断裂带西侧。而其东、西两侧在45 km 范围内，软流圈顶面深度分别为78 km 和76 km，在这一水平距离上断裂带内软流圈上隆幅度超过20 km。

沂沭断裂带不仅在浅部表现为堑垒结构的复杂构造带，而且是一条向下延伸并穿切地壳到达上地幔的断裂破碎带与上地幔隆起带。

——地学知识窗——

地球的内部结构

地球的内部结构是指地球内部的分层结构（图1-8）。根据地震波在地下不同深度传播速度的变化，一般将地球内部分为三个同心球层：地核、地幔和地壳，中心层是地核，中间是地幔，外层是地壳。地壳与地幔之间由莫霍面界开，地幔与地核之间由古登堡面界开。其中地壳的全部和上地幔的顶部称为岩石圈。软流圈则是位于上地幔上部岩石圈之下，深度在80~400 km之间，是一个基本上呈全球性分布的地内圈层。

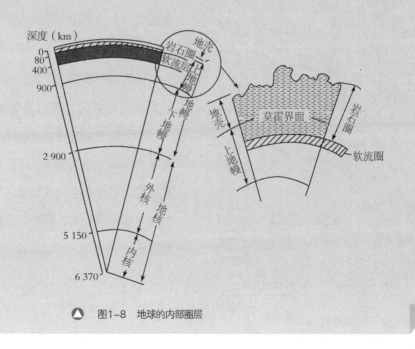

图1-8 地球的内部圈层

五、地球物理特征

1. 航磁ΔT异常特征

沂沭断裂带航磁ΔT异常图（图1-9）显示，该带呈现为一系列北北东—北东向线状和串珠状异常带，并作为一

条醒目的不同磁场构造单元的分界线，与鲁西北西向的磁场区和鲁东北东向的磁场区有显著区别。沂沭断裂带区域磁场大致分三部分，即西部负磁场、中部杂乱磁场和东南部正磁场。区内沂沭断裂带诸断裂在航磁场上反映明显，表现为正负磁场的分界线，其走向与主断裂相吻合。磁场分布区，ΔT等值线平面图上表现为等值线沿北东向展布的带状分布，与区域构造的整体走向和凸起区大致吻合。

2. 重力场特征

在布格重力异常图（图1-10）上，沂沭断裂带主要表现为北北东走向的重力梯度带，从潍坊至莒县，布格重力异常表现为东侧北东向胶莱正异常区向西侧北西向的泰沂负异常区过渡的密集重力梯级带上。沂沭断裂带区域重力场的总体特征为两低夹一高，即西部和东部重力低、中部重力高。三部分之间以两条北北东向的大型重力梯级带相隔，恰好与四条主干断裂相对应。

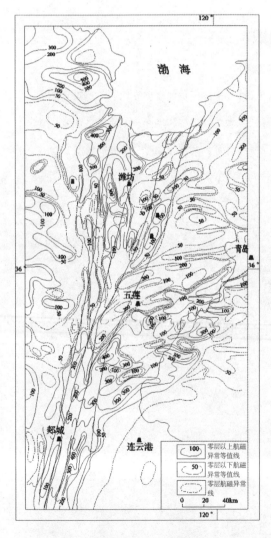

图1-9　沂沭断裂带航磁ΔT异常图

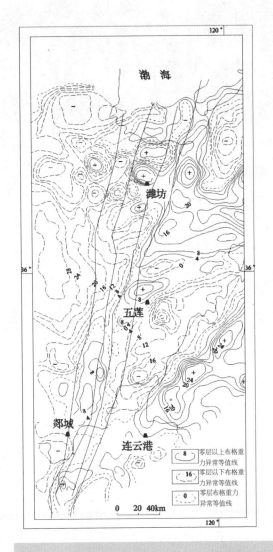

渤海

潍坊

五莲

郯城

连云港

8	零层以上布格重力异常等值线
16	零层以下布格重力异常等值线
0	零层布格重力异常等值线

0 20 40km

图1-10 沂沭断裂带重力异常图

—— 地学知识窗 ——

布格重力异常

重力仪的观测结果($g_{测}$)，经过纬度改正($g_{纬}$)、高度改正($g_{高}$)、中间层改正($g_{中}$)和地形改正($g_{形}$)以后，再减去正常重力值（γ）所得到的重力差（$\Delta g = g_{测} - g_{高} - g_{中} - g_{纬} - g_{形} - \gamma$）称为布格重力异常。

沂沭断裂解成因

沂沭断裂带的形成和演化，是地质界长期争论和探讨的焦点。由于地质构造演化的长期性和复杂性，对沂沭断裂带形成或"诞生"的认识还有太古宙、元古宙、古生代、中生代等不同观点，但对于其演化过程已有比较清晰的认识，普遍认为中生代（距今2.3亿～6500万年）是沂沭断裂带的重要演化时期。

华北板块

秦岭大别造山带

郯庐断裂带

苏鲁造山带

黄海

东海

扬子板块

沂沭断裂带的诞生

关于沂沭断裂带的早期活动，有关论述颇多。有人依据汞丹山地垒上发育的大量韧性变形带，认为沂沭断裂带是始于前寒武纪的继承性长寿断裂；有人依据土门群的分布特征，认为沂沭断裂控制土门群，至少从青白口纪即开始活动。多数人基于沂沭断裂带对晚侏罗世以后的地质建造控制明显及沂沭断裂带切错了印支期强烈活动的大别—苏鲁造山带等特征认为，沂沭断裂带作为浅表层次脆性断裂的初始活动时间不会早于中生代。

在鲁西平邑盆地，晚侏罗世三台组不整合沉积在同位素地质年龄为 189 Ma～164 Ma± 的东西向铜石杂岩体之上，在蒙阴盆地则有坊子组含煤建造，是该盆地最早的沉积建造。因此，三台组形成前，岩体肯定抬升了几千米并遭受风化剥蚀，这种差异运动无疑是坊子组建造形成过程中引起的。坊子组的时代为早侏罗世末至中侏罗世，这样鲁西地区在经历了60 Ma 左右没有建造到开始沉积的转变，这不会是偶然的。因此，可以认为沂沭断裂带诞生于早侏罗世末。

——地学知识窗——

沉积建造

泛指在一定构造背景条件下，当地壳发展到某一构造阶段时所形成的一套具有特定岩相组合的沉积岩系，如碳酸盐岩建造、含煤建造等。含煤建造是指一套由砂岩、页岩为主、夹有多层煤或煤线的岩系。无论是否具有可采煤层，都可称为含煤建造。

中生代后的构造演化

生代以来该地区位于环太平洋构造，区域构造应力来源于原始太平洋板块在100 Ma前后的高速斜向俯冲。其北北东向的构造分量造成中国东部的左旋走滑运动，并使一系列先存的基底构造重新活动和发展壮大。

晚侏罗世—早白垩世早期，随着古太平洋板块向亚洲大陆的俯冲，中国东部受到北西—南东向的强烈挤压，沂沭断裂带再次发生左旋走滑活动，并在断裂带内形成了高角度的斜冲断层和强烈的挤压破碎带。对韧性剪切带的测年分析，证明了沂沭断裂带在晚侏罗世—早白垩世早期发生了左旋挤压走滑活动，与古太平洋板块的俯冲时间一致，证明沂沭断裂带本期的左旋走滑与古太平洋板块的俯冲直接相关。

早白垩世中期—早始新世（50 Ma前），由于深部地幔的强烈活动，中国东部岩石圈在中生代发生了减薄作用，并在白垩纪达到减薄的峰值。早白垩世后，太平洋板块活动完全取代了扬子板块及西伯利亚板块活动对华北地区构造演化的控制地位，中国东部经历了由挤压转为伸展的重大构造体制转变过程。中国东部构造作

——地学知识窗——

左旋走滑断层

走向滑动断层即规模巨大的平移断层，又称横移断层、走滑断层，亦称为扭转断层。平移断层作用的应力来自两旁的剪切力作用，其两旁顺断层面走向相对移动，而无上下垂直移动。走滑断层发生的断裂为走滑断裂。岩石平行于走向相对平行的移动，如果我们站在这种断裂的一侧，看另一侧的运动是从左向右，这种断层运动叫右旋走滑。同样地能确定左旋走滑断层。

用以地壳引张和岩石圈减薄为主导，沂沭断裂带进入伸展期。在本时期，古太平洋板块俯冲聚敛运动产生的挤压应力传递到板块内部引起挤压应力场，使沂沭断裂带发生左旋走滑；而岩石圈减薄、地幔底辟作用则产生拉张应力场。白垩纪至早始新世古太平洋板块俯冲的速度和角度发生多次变化，使沂沭断裂带及周边盆地在本阶段受到多次挤压和拉张交替的应力场控制，但伸展作用总体占主导地位，使沂沭断裂带在伸展期发育了4条正断层，构成了"两堑一垒"的格局。

早始新世（50 Ma后）—渐新世，中国东部的构造格局又发生了转折。由于库拉板块消失，太平洋板块由北北西向俯冲转为北西西向俯冲，最新测定的转向时间约50 Ma。印度板块也几乎同时与欧亚板块发生全面碰撞。两者共同向欧亚大陆汇聚，使得沂沭断裂带的走滑作用难以继续进行，地幔底辟导致的斜向伸展作用完全占主导地位。本时期沂沭断裂带停止了左旋走滑活动，仅作为盆地伸展的边界，而鲁西南盆地及北侧的渤海湾盆地进入强烈伸展断陷阶段（图2-1）。

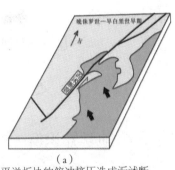

图2-1 沂沭断裂带中生代后的构造演化

（a）
古太平洋板块的俯冲挤压造成沂沭断裂带的左旋走滑运动

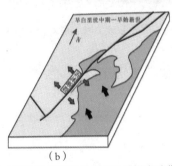

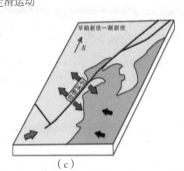

（b）
古太平洋板块俯冲聚敛运动及地幔底辟作用使得沂沭断裂带受到多次挤压和拉张交替的应力场控制，但伸展作用总体占主导地位，形成了"两堑一垒"的格局

（c）
太平洋板块北西西向俯冲，印度板块也几乎同时与欧亚板块发生全面碰撞。这两者使得沂沭断裂带的走滑作用难以断续进行，地幔底辟导致的斜向伸展作用完全占主导地位

➡ 地幔底辟作用　➡ 太平洋板块的挤压力　➡ 印度板块的挤压力

中新世后，太平洋板块聚敛速度加快，太平洋板块和菲律宾板块向西俯冲产生弧后扩张作用，而印度板块与欧亚板块的碰撞又向东推挤着中国东部大陆。两者共同作用使中国东部产生近东西向的区域挤压应力场，中国东部进入整体热沉降时期（图2-2）。本时期沂沭断裂带活动强度大大降低，停止了明显的剪切走滑活动。沂沭断裂带的两支沂水—汤头断裂、郯郚—葛沟断裂在新近纪后活动性大大减弱，而东支昌邑—大店断裂、安丘—莒县断裂在区域挤压应力场的作用下，在第四纪表现为逆冲活动。

图2-2　新生代大地构造背景

——地学知识窗——

底辟作用

底辟作用是指在构造力的作用下，或者由于岩石物质间密度倒置所引起的浮力作用，地下高塑性岩体向上流动并向上推挤或刺穿挤入上覆岩层，从而形成上隆构造的作用。岩浆侵位时也可产生岩浆底辟作用。

Part 3 沂沭断裂矿藏多

　　沂沭断裂带是一条控制矿产形成的构造带，断裂带的长期活动产生了多次岩浆侵入与喷发，为各类矿产的生成创造了有利条件。沂沭断裂带内矿藏丰富，有煤、石油、天然气、油页岩和地热等能源矿产，有金、铁、铅、锌等金属矿产，还有著名的蓝宝石、金刚石及观赏石等非金属矿产。

能源矿产储量大

区内能源矿产丰富，主要有煤、石油、天然气、油页岩和地热等。

一、煤及油页岩

煤主要由碳、氢、氧、氮、硫和磷等元素组成，碳、氢、氧三者总和约占有机质的95%以上。煤是非常重要的能源，也是冶金、化学工业的重要原料。煤分为褐煤、烟煤、无烟煤、半无烟煤。煤为不可再生的资源。它是古代植物埋藏在地下，经历了复杂的生物化学和物理化学变化，再经地质作用逐渐形成的固体可燃性矿产，俗称煤炭。沂沭断裂带上的煤主要分布在临沂、坊子、昌乐等地，成煤时代从晚石炭世到中侏罗世及古近纪。

油页岩（又称油母页岩）是一种高灰分、含可燃有机质的沉积岩（图3-1）。它和煤的主要区别是灰分超过40%，与碳质页岩的主要区别是含油率大于3.5%。油页岩经低温干馏可以得到页岩油，页岩油类似原油，可以制成汽油、柴油或作为燃料油。除单独成藏外，油页岩还经常与煤形成伴生矿藏，一起被开采出来。沂沭断裂带上的油页岩，主要分布在潍坊市的五图、安丘、龙口、东营等地，成因类型为沉积型。五图、龙口一带的油页岩产于古近纪五图群李家崖组，由煤层、油页岩、泥岩、灰岩、白云岩等组成，油页岩厚5～14 m，焦油

图3-1　油页岩

率为8%～10%，属内陆湖沼相生物化学沉积；东营一带的古近系济阳群中，岩性组合为泥岩、砂岩、碳质页岩、油页岩、石膏及煤等，也是重要的石油生油、储油层位，属内陆湖相或潟湖相沉积。

1. 临沂煤田

临沂煤田位于山东省临沂市境内，处于沂沭断裂带之郎部—葛沟断裂与汶泗大断裂交会部位。临沂煤田含煤层位为晚石炭世至早二叠世，产于月门沟群太原组和山西组中。由于断裂带自燕山运动起岩浆活动强烈，浅成侵入岩及脉岩类广泛侵入煤系，吞蚀煤层，并使煤层大范围内接触变质形成无烟煤和天然焦。

由于火成岩侵入体影响，煤层厚薄不均，普遍存在着增厚、变薄、分叉、尖灭等现象，致使大面积煤层不可采。

2. 昌乐五图煤矿

五图煤矿位于昌乐县五图镇，居昌乐凹陷的中北部，面积约100 km²。含煤地层为陆相沉积的五图群李崖组，属新生代古近纪始新世。煤田内含煤地层总厚度为846 m，煤种为褐煤，与油页岩伴生。五图煤矿油页岩为一套有机质丰度较高、类型Ⅰ～Ⅱ型生油岩，含油率较高，达到中品级油页岩标准，具有较高的工业价值。五图煤矿油页岩广泛分布于李家崖组的B段、C段和D段，以C段为主体，探明储量2.72亿t，是褐煤的伴生矿种。C段油页岩密集，厚度大；D段上部含油页岩，但厚度小。油页岩产油率最高16.25%，最低5.43%，平均8.36%。基准发热量最高8.72%，最低6.16%，平均6.91%。

二、石油和天然气

石油和天然气是极为重要的能源资源，具有燃烧完全、发热量高、运输方便等优点。

石油是一种十分重要的化学工业原料，它是以液态形式存在于地下岩石空隙中的可燃有机矿产，是一种成分复杂的碳氢化合物的混合物。天然石油（又称原油）一般是呈黑绿色、棕色、黑色或浅黄色的油脂状液体。石油的相对密度介于0.75～0.98之间。颜色愈深，相对密度愈大。颜色深、相对密度大于0.9的称为重质油，颜色浅、相对密度小于0.9的称为轻质油。石油黏度较大，不溶于水，但溶于有机溶液中。

天然气通常是指储集在地下岩石空隙

中以烃类为主的可燃气体。它的基本组成是甲烷，其次是乙烷、丙烷、丁烷等，还有少量的液态烃类及微量的非烃类组分，如氮气、二氧化碳、硫化氢等。天然气无色无味，但含一定量的硫化氢时会有臭味，相对密度在 0.6～1.5 之间。发热量一般在 $33.49 \times 10^6 \, J/m^3 \sim 54.33 \times 10^6 \, J/m^3$ 之间。天然气易溶于石油中（在高温、高压下，1吨石油可溶解数十到数百立方米的天然气），从而降低石油的黏度，减小毛细管力，使石油容易在地层中流动。

石油、天然气集中于鲁北平原区（图3-2），主要分布于东营、寿光等县市。一般认为沂沭断裂带新生代的活动在渤海湾盆地东部形成了潍坊坳陷、潍北坳陷、

▲ 图3-2　石油开采

——地学知识窗——

石油一词的来历

"石油"一词最早见于公元977年中国北宋编著的《太平广记》。正式名称"石油"，是根据中国北宋杰出的科学家沈括（1031-1095）在所著《梦溪笔谈》中根据这种油"生于水际砂石，与泉水相杂，惘惘而出"而命名的。

莱南坳陷、莱州湾坳陷等一系列典型拉分盆地。这些拉分盆地蕴藏着丰富的石油和天然气资源。

1. 济阳坳陷

济阳坳陷区内的油气田，属于胜利油田。济阳坳陷位于山东省北部，属于中朝地台渤海油湾盆地，勘探面积为 35 696 km²，包括东营、沾北、车镇、惠民 4 个凹陷及淮海地区，发现 73 个油气田。济阳坳陷自1961年华八井获得工业油流以来，至今已有 50 多年的勘探历史。至 2008 年年末，三维地震的覆盖程度达到 50.4%。根据 2005 年新一轮资源评价结果，石油资源量的探明程度为 46.9%，预测、控制、探明三级储量发现率达到 59.5%。到目前为止，济阳坳陷已连续 20 多年新增探明储量超过 1×10^8 t，到 2010 年累计探明石油地质储量 50.3×10^8 t，且仍然保持了较强的储量增长能力，为国家能源战略安全做出了重要贡献。

2. 莱州湾坳陷

属于渤海湾盆地东部边缘的一个新生代次级坳陷，位于渤海海域东南部，面积约 1 780 km²。该坳陷东临鲁东隆起带，为沂沭走滑断裂的两分支断层所夹持，呈北断南超的箕状断陷结构。目前的油气勘探已证实，莱州湾坳陷是一个小而肥的富烃坳陷，拥有 $7 \times 10^8 \sim 9 \times 10^8$ m³ 的资源量。经评价，该凹陷目前具有极大的勘探潜力。

3. 潍北坳陷

昌潍坳陷位于山东省潍坊市的昌邑、潍坊、寿光、青州、昌乐等县（市）境内，在构造区域上位于济阳坳陷的东南部。潍北凹陷（图3-3）位于山东省潍坊市北部，是昌潍坳陷的一个二级构造单元，是沂沭断裂带内部典型的新生代走滑拉分盆地，东以昌邑—大店断裂与鲁东隆起为界，西以郯鄋—葛沟断裂与潍北凸起、侯镇凹陷为界，北以古城—潍河口断层与潍北凸起分隔，南与潍县（现寒亭区）凸起超覆接触，平面大体呈平行四边形，是一个以古近系始新统分布为主，南北呈北断南超，东西呈双断式的不对称箕状凹陷。淮北凹陷跨越昌邑、潍县两县，面积 880 km²。据专家估算，该区生烃量为 17.9×10^8 t，石油资源量为 0.97×10^8 t，天然气资源量为 104×10^8 m³。

23

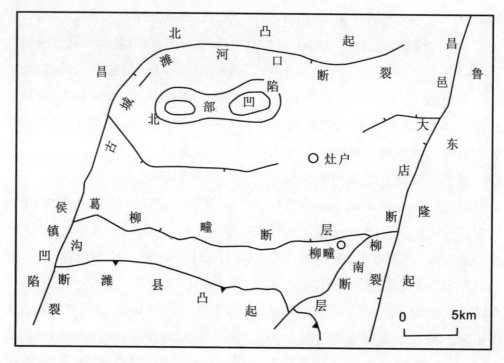

图3-3　潍北凹陷构造简图

三、地热

地热是来自地球内部的一种热能资源。地球上火山喷山的熔岩温度高达1 300℃，天然温泉的温度大多在60℃以上，有的甚至高达140℃。这说明地球是一个庞大的热库，蕴藏着巨大的热能。这种热量渗出地表，于是就有了地热。地热能是一种清洁能源，是可再生能源，其开发前景十分广阔。

沂沭断裂带及其两侧地热露头较多，地热异常明显，蕴藏着丰富的地热资源。

临沂市处于沂沭断裂带中段，区域地质演化受到区内断裂构造带的强烈控制，经历复杂的沉积、变质、岩浆活动、构造运动等地质事件，形成了一套较为完整的岩石和构造体系，为地热资源的形成提供了有利条件。2008年11月，山东省临沂市被中国矿业联合会正式授予"中国地热城"称号，成为全国第二个、华东第一个获此殊荣的城市。

临沂市境内地热资源集中分布于三大地热资源富集带内：一是沂沭断裂带地热

资源富集带。沂沭断裂带在临沂境内沂水至郯城的区段，郝部—葛沟断裂、沂水—汤头断裂、安丘—莒县断裂、昌邑—大店断裂自西向东分布，南北纵向贯穿整个临沂市，著名的汤头地热田、铜井地热田和许家湖地热田就分布在此富集带；二是铜冶店—孙祖断裂带地热资源富集带。该富集带呈北西—南东向带状分布，西至蒙阴县垛庄，东接郝部—葛沟断裂，主要包括孙祖断裂和垛庄断裂，松山地热田分布在此富集带；三是蒙山断裂带地热资源富集带。该富集带呈北西—南东向带状分布，西至平邑县仲村，东接郝部—葛沟断裂，地热异常区主要沿蒙山断裂分布，汪家坡地热田和北城新区地热田分布在此富集带。

临沂市有地热异常区49处，预测远景地热资源总量约为5.4×10^{18} J，相当于1.84亿t标准煤的产热量(标煤量按燃效100%的产热量计算)，为大型地热田，地热资源开发潜力巨大。目前，已勘查验证地热田13处，其中，河东汤头、沂南铜井、沂南松山、沂水许家湖、沂水龙家圈、北城新区、河东柳航头、罗庄西高都、蒙山旅游区、邢家庄等10处地热田已经通过山东省国土资源厅资源评审和储量备案。

据悉，临沂市地热资源属热水型，地热水水温在29℃～80℃之间，局部最高82℃。热水以氟、偏硅酸含量高为主要特征外，还含有锂、锶、偏硼酸等，具有较高的医疗和保健价值。

1. 汤头地热田

汤头地热田位于临沂市河东区汤头镇政府驻地，东依汤山，西傍汤河，风景秀丽，环境幽雅，是著名的疗养胜地。汤头地热水开发历史悠久，最初主要是利用温泉自流量，后为钻孔开采。目前开采井有3眼，水温60℃，开采量500 m^3/d 左右。汤头温泉（图3-4）处在马站—苏村地堑内。地热水于汤河东岸汤头—郑家庄与许家长沟—汤头两断裂交会处出露成泉。

▲ 图3-4 临沂汤头温泉

2. 铜井地热田

铜井地热田（图3-5）位于沂南县铜井镇新王沟村，水温74℃，热水涌水量737.16 m³/d,水位喷出地面 2.3 m, 水化学类型为 $SO_4 \cdot Cl^- \cdot Na \cdot Ca$ 型，矿化度2.01 g/L。地热田位于郚鄑—葛沟断裂的近旁，附近分布一定面积的燕山期侵入岩。热储层为朱砂洞组、馒头组灰岩，盖层为闪长玢岩，地热水主要接受北、西部地下水的补给,热源为地下水深循环加热。

3. 松山地热田

松山地热田位于沂南县张庄乡松山村，水温 48℃,水化学类型为 $Cl \cdot SO_4^- \cdot Na$型，矿化度 2.8 g/L。热储岩性为寒武系下统李官组及震旦系佟家庄组石英砂岩，热储埋深190 m。据资料分析，北西方向孙祖断裂与北东方向郚鄑—葛沟断裂的次级断裂在地热田东南侧交会，其交会部位岩石破碎，裂隙岩溶发育，沟通了深部热储层，从而为深部地下水的活动创造了极为有利的条件。

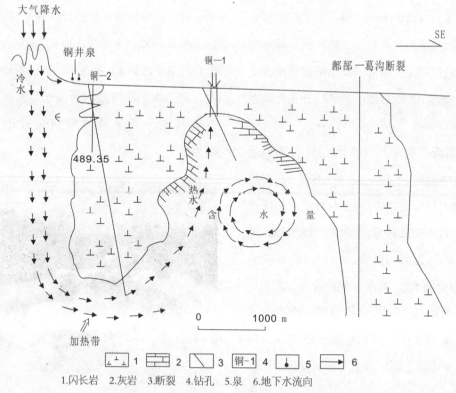

图3-5 铜井地热田成热模式示意图

金属矿产种类多

沂沭断裂带内一系列的岩浆—火山活动形成了丰富的金属矿产，包括各种类型的金矿、铁矿、钛铁矿、铅锌矿等。

一、金矿

金（图3-6）是最稀有、最珍贵的金属之一。国际上，黄金一般都是以盎司为单位计量，中国古代是以两为单位计量，是一种非常重要的金属。很多世纪以来一直都被用作货币、保值物。金的密度高，柔软、光壳、抗腐蚀，其延展性是已知金属中最高的。

沂沭断裂带内金矿按成因可分为隐爆角砾岩型、矽卡岩型、破碎带蚀变岩型、石英脉型及沉积型砂矿五种。沂沭断裂带对本区金矿的形成作用有两种：一是直接提供物质来源，沂水—汤头断裂为切上地幔的深大断裂，将深部的含矿物质直接带到地表；二是提供热动力来源及热液，沿主干断裂上升的热液激活、萃取了周围矿源岩中的金元素，使之更有利于迁移，含金热液沿着早期形成的韧性面理和脆性断裂迁移到有利场所富集成矿。

1.隐爆角砾岩型金矿床

隐爆角砾岩型金矿床主要有平邑县的归来庄金矿、卓家庄金矿、磨坊沟金矿及五莲县的七宝山金矿。归来庄金矿是目前发现的我国最大的隐爆角砾岩型金矿床。

图3-6 自然金

归来庄金矿床（图3-7）位于平邑县城东南约25 km、铜石镇东南4 km处，是鲁西迄今所发现的唯一大型金矿床，其储量达35 t。矿床处在沂沭断裂带的次级北北西方向断裂——燕甘断裂东侧、铜石潜火山杂岩体东部边缘。矿体呈脉状赋存于沿断裂带侵入的构造隐爆角砾岩带内及其两侧的寒武—奥陶系碳酸盐岩中，矿区内有大小矿体12个，以1号矿体规模最大，其资源储量占矿区已查明总储量的99％以上，其余均为零星小矿体。1号矿体长度550 m，延深＞650 m，呈脉状产出，矿化连续，沿走向及倾向呈舒缓波状延展，具膨胀狭缩、分支复合特点。西段分为近于平行的上、下两个支矿体，分别靠近蚀变带顶底板展布。产状与控矿断裂F_1基本一致，走向近东南，倾向南，倾角45°～68°，自上而下

倾角有变缓的趋势。矿体厚度一般在2～15 m之间，最厚达36.5 m，平均厚度6.21 m。矿体中部厚度大，向两端及深部渐薄，厚度变化系数72％，为厚度较稳定矿体。矿石类型主要有隐爆角砾岩含金矿石（占70％）、石灰岩白云岩含金矿石（占27％）及斑（玢）岩含金矿石（占3％）。矿石中金品位：一般为3.50～12.0 g／t，平均8.10 g／t；伴生有益组分为银，平均品位14.21 g／t；金、银含量呈正相关，金：银值为1：1～1：2。铜、铅、锌、碲、硫含量均较低，硫含量仅为0.06％；氧化钾含量较高，角砾岩含金矿石中平均达6.53％。

平邑归来庄金矿地区（图3-8）利用金矿尾矿废弃的矿渣堆积体，经整理绿化，新建起一些观赏景点，与采矿坑连为一体，形成一处特点突出、环境幽雅的

🔺 图3-7　平邑归来庄金矿采坑

🔺 图3-8　平邑归来庄金矿地质公园

矿山地质公园。地质公园主要分为"选金""宝坑"和"金山"三大工业景区，目前已开发有"天下奇石一条街""地质原貌读景壁""地下时空隧道""天鹅湖""风景山""封禅台""采矿工艺""选矿工艺""娱乐城""人间画廊""水晶宫""五牌楼"等多处特色突出的旅游景点。

2. 矽卡岩型金矿

矽卡岩型金矿是鲁西地区发现和开采最早、矿化最普遍的金矿类型，主要分布于中生代岩体与寒武纪碳酸盐岩接触带处。代表性矿床为沂南铜井和金厂的金、铜矿床，具中型金矿床规模。

铜井金铜矿位于沂南县城以北10 km处。矿体产于闪长玢岩与馒头组石灰岩接触带上，主要由两个金矿体组成，矿体均呈似层状、扁豆体，产状受接触带控制，倾向南西，倾角15°～20°。矿体规模小，厚度一般为1 m左右，最厚4.41 m。矿石金属矿物以磁铁矿、黄铜矿、斑铜矿为主，次为辉钼矿、自然金及黄铁矿，少量褐铁矿、孔雀石及蓝铜矿。非金属矿物以石榴子石、透辉石、绿帘石为主，另有少量石英、方解石和绿泥石等。有益组分为金、铜、铁、钼、银、硫，金含量1.11×10^{-6}～9.32×10^{-6} g/t，平均3.26×10^{-6}；铜含量0.30×10^{-2}～3.42×10^{-2} g/t，平均0.93×10^{-2}；铁含量16.89×10^{-2}～51.26×10^{-2} g/t；硫含量3.87×10^{-2}～9.88×10^{-2} g/t，平均5.52×10^{-2} g/t。矿石类型为矽卡岩型金铜矿石，含铜金的磁铁矿矿石占70%，含铜金的矽卡岩矿石占20%，含铜的大理岩和含铜的石英闪长玢岩矿石占10%。

3. 破碎带蚀变岩型金矿

蚀变岩型金矿主要分布于沂南县牛家小河、龙泉站及沂水县石屋官庄、南小尧等地，矿（化）体多赋存于糜棱岩化花岗岩中，呈不规则脉状，形态多受断裂构造及韧性剪切带控制。金矿化与硅化、褐（黄）铁矿化、黄铜矿化等蚀变关系较密切。

龙泉站金矿区位于沂水县城南15 km处的龙泉站至郑家庄一带，产于沂水—汤头断裂主裂面下盘的糜棱岩化碎裂岩和花岗质碎裂岩中，已初步控制17个金矿体。矿体长130～1 050 m，平均品位2.50×10^{-6}，平均厚度3.83 m，共探求金属量5 450 kg。

4. 石英脉型金矿

石英脉型金矿以沂水县严家官庄金矿为典型，产于沂水——汤头断裂主裂面下盘、汞丹山凸起区变质变形花岗岩中，在沂水县严家官庄、胡家官庄、刘家岭及沂南张家哨等地均有分布，规模一般较小，但品位较高。

严家官庄金矿产于近南北向断裂中，为裂隙充填石英脉型金矿体。矿体呈脉状，沿走向有舒缓坡状变化，倾向西，倾角54°～70°。地表出露长度1 400 m，平均厚度0.97m，厚度变化系数为60%；平均品位4.14×10^{-6}，品位变化系数为45%。属厚度和品位均较稳定矿体，矿石岩性为硅化黄铁矿化碎裂岩，矿体围岩为花岗质碎裂岩。

二、铁矿

铁是世界上发现最早、利用最广、用量也最多的一种金属，其消耗量约占金属总消耗量的95%。铁矿物种类繁多，已发现的铁矿物和含铁矿物300余种，其中常见的有170余种。在当前技术条件下，具有工业利用价值的主要是磁铁矿、赤铁矿、磁赤铁矿、钛铁矿、褐铁矿和菱铁矿等。

沂沭断裂带上的铁矿主要分布于汞丹山凸起之上，沂水县城北部马站——高桥——道托一带较多，含矿层位主要为太古界沂水岩群和泰山岩群地层中的磁铁石英岩夹层。其成因类型为沉积变质型，多为贫铁矿。在昌邑——大店断裂之东，广泛分布沉积变质型铁矿，总体分布与昌邑——大店断裂走向相一致，铁矿主要赋存于粉子山群小宋组的中部，是一套普遍夹磁铁石英岩的硅铁建造，是胶东地区主要的含铁层位。铁矿体规模以中、小型为主，大型次之，呈层状、似层状，厚度一般为0.5～8.5 m，长度为十几米至几百米，矿石矿物主要为磁铁矿。

韩旺铁矿

韩旺铁矿位于沂源、沂水两县交界处的沂河岸边，西北距沂源县城47 km，东南距沂水县城48 km。铁矿探明储量1.6亿t。韩旺铁矿赋矿层位为新太古界泰山岩群雁翎关组顶部的变质岩系之中。含矿岩性主要为含铁石英角闪片岩、含铁斜长角闪片岩、含铁角闪石英片岩及片麻岩类等。矿体呈多层带状，紧密排列，与上、下盘围岩产状一致，矿体在走向及倾向上皆呈幅度不大的波状弯曲，矿体厚度具有上厚下薄的特点，单矿层厚度较薄且夹层多，分枝复合现象明显。单矿层厚度一般为1～25 m，数厘米至数十厘米的矿层为数众多。单矿层全铁（TFe）品位一般为20%～41.2%，平均35.3%，矿体品位沿走向及倾向上变化均不大。矿石矿物以磁铁矿为主，其次有赤铁矿、假象赤铁矿等，偶见少量的黄铁矿、黄铜矿和磁黄铁矿等。

三、钛铁矿

钛铁矿（图3-9）是铁和钛的氧化物矿物，又称钛磁铁矿，是提炼钛的主要矿石。钛铁矿很重，灰到黑色，晶体为三方晶系，常呈不规则粒状、鳞片状、板状或片状。颜色铁黑或呈钢灰色，条痕钢灰或黑色，当含有赤铁矿包体时呈褐或褐红色。金属至半金属光泽，贝壳状或亚贝壳状断口，性脆。硬度为5～6，密度为4.4～5 g/cm³，密度随成分中MgO含量降低或FeO含量增高而增高。具弱磁性。

在山东鲁西结晶基底区的莒县、沂水、临朐、沂源等地，分布有较多的基性—超基性岩体，其规模大小不等。近年来对此类基性—超基性岩体的研究证实，一是以含钛为主的钛磁铁矿型超基性岩体，二是以含铁为主的磁铁矿型超基性岩体，二者均可富集成矿，供工业利用。

1.莒县棋山钛铁矿

莒县棋山钛铁矿床（图3-10）是产于辉石角闪岩中的矿床，为山东省首次发现并勘查的第一个大型钛铁矿矿床。该矿床位于莒县县城北约45 km处。矿区位于沂沭断裂带中段的汞丹山凸起上，其成矿母岩和矿体均为褐绿色中细粒含钛磁铁矿辉石角闪岩。在发现的五个矿体中，Ⅰ号矿体长1 600 m，平均宽180 m，控制深204 m，平均品位为TiO₂8.68%、TFe18.48%；Ⅱ号矿体长880 m，平均宽160 m，控制深120 m，平均品位为TiO_2

▲ 图3-9 钛铁矿矿石标本

▲ 图3-10 莒县棋山钛铁矿开采现场

8.3％、TFe17.07％；Ⅲ号矿体长1 600 m，宽25～67 m，控制深170 m，平均品位为TiO$_2$8.86％、TFe20.13％。矿体品位变化系数为7.06％～42.0％，属品位稳定的矿体。该矿床具矿体规模大、形态简单、易于开采之特点。

2. 沂水县上峪钛铁矿

沂水县上峪钛铁矿位于沂沭断裂带西侧的鲁西地块上，该矿为目前山东省内探明的资源储量规模最大的钛铁矿矿床。通过对该地区的详查，共圈出钛铁矿矿体两个：一号矿体地表出露长达3 280 m，倾斜延深839 m，平均厚度63.9 m；二号矿体地表出露长达2 800 m，倾斜延深633 m，平均厚度40.3 m。探明铁钛矿资源量4.73亿t，其中钛储量3 069.3万t。

四、铅锌矿

铅锌矿（图3-11）是富含金属元素铅和锌的矿产。铅、锌广泛应用于电气工业、机械工业、军事工业、冶金工业、化学工业、轻工业和医药业等领域。铅是人类从铅锌矿石中提炼出来的较早的金属之一，是最软的重金属之一，也是比重大的金属之一，具蓝灰色，硬度1.5，密度11.34 g/cm^3，熔点327.4℃，沸点1750℃，延展性良好，易与其他金属

(如锌、锡、锑、砷等)制成合金。锌从铅锌矿石中提炼出来得较晚，是古代7种有色金属(铜、锡、铅、金、银、汞、锌)中最后的一种。锌金属具蓝白色，硬度2.5，熔点419.5℃，沸点911℃，加热至100℃～150℃时具有良好压性，压延后比重为7.19。

铅锌矿为山东短缺矿种，主要为小型矿床和矿点，单独铅矿、锌矿较少，主要分布于安丘、沂水、莒县等地。在地质构造部位上，铅、锌(及铜等)为主的多金属矿床主要分布在沂沭断裂带、胶莱盆地周缘、胶南—威海造山带及其他中生代火山岩盆地内。沂沭断裂带内的铅锌矿开发利

▲ 图3-11　铅锌矿矿石标本

用历史悠久，安丘白石岭、担山等铅锌矿早在明、清两代就开采利用。此外，在沂水夏蔚等地也曾开采过铅锌矿。近年来，由于铅锌矿床规模小，资源枯竭，大部分铅锌矿山闭坑停产。

白石岭铅锌矿

安丘市白石岭铅锌矿区位于沂沭断裂带之郚部—葛沟断裂的西侧，安丘市白石岭村西。该矿共发现8条矿脉，分东、西两个矿带。西矿带由1～4号脉组成，东矿带由5～8号脉组成。8条矿脉走向10°～20°方向延长，倾向南东，倾角65°～80°。最长者为2号矿脉，长约1 500 m；其次为7号脉，长1 200 m；其他矿脉均较短。矿脉宽（厚）0.5～2.65 m，沿走向具波状弯曲，有膨缩现象。在倾向上西部矿脉厚度较稳定，无分叉现象；东部矿脉厚度变化大，且发育平行脉或网脉，具分叉复合现象。矿石矿物主要为方铅矿、闪锌矿，其次有黄铜矿、黄铁矿、褐铁矿、蓝铜矿、少量孔雀石。脉石矿物主要有萤石、重晶石、石英、方解石，其次为绿泥石、绢云母、绿帘石、蛋白石、金红石。矿物共生组合为方铅矿、闪锌矿与石英、萤石、方解石、重晶石共生。矿床平均品位为Pb1.86%、Zn0.48%。伴生有益组分为铜、银、金及萤石、重晶石等。

非金属矿产具特色

沂沭断裂带内蕴藏着丰富的非金属矿产，包括全国著名的金刚石和蓝宝石，还有金钱石、临朐彩石等观赏石，以及沸石、重晶石、膨润土等其他非金属矿。

一、金刚石矿

金刚石是自然界中最坚硬的物质，具有许多重要的工业用途，如精细研磨材料、高硬切割工具、各类钻头、拉丝模，还被作为很多精密仪器的部件，也是工艺钻石的主要原料。质优粒大可用作装饰品的称宝石级金刚石，质差粒小用于工业的称工业用金刚石。金刚石是一种稀有、贵重的非金属矿产，在国民经济中具有重要作用。

山东是我国金刚石矿产资源第二大省，也是最早发现金刚石原生矿床的产地，共有金刚石矿产地9处。其中原生矿产地5处（大型2处、小型3处），均分布于蒙阴县；砂矿产地4处，均为小型产地，分布于郯城县。山东金刚石探明储量1 863.31 kg，占全国总量的44.58%，仅次于辽宁的52.74%。山东地区产出的金刚石，以大颗粒、晶体完整度较好著称，而数量众多、色彩瑰丽的彩色金刚石尤显独特。

1. 金刚石原生矿

金刚石原生矿产于华北地台东南缘的鲁西隆起区中部，居于蒙阴县境内。蒙阴金伯利岩田距沂沭断裂带西侧40~70 km。该矿田南起常马庄，北至坡里一带，矿化范围约1 000 km²。金伯利岩（图3-12）的侵入时代为古生代晚奥陶世至石炭纪和中生代。

山东金刚石成矿岩体、岩脉具有成群、成带特点。在矿化范围内发现百余个金伯利岩体，可划分为3个含金刚石金伯利岩矿带（图3-13）。

（1）常马庄金刚石原生矿带

位于蒙阴矿田南端，蒙阴县城南常马庄一带。长约14 km，宽约5 km，沿350°方向展布，由9脉1管组成，岩体呈雁行左列式排列。岩体中的红旗1号岩脉和胜利1号岩管具工业价值，已经进行勘探，规模达大型。该矿带金刚石矿体分布最为集中，品位高（最高可达6.35 ct/m³），巨钻多（粒重大于100 ct习称"巨钻"），已连续开采30余年。

（2）西峪金刚石原生矿带

位于蒙阴矿田中部，距蒙阴县城15 km的西峪村一带，与常马庄矿带相距14 km。带长12 km，宽约1.5 km，沿5°~20°方向展布。带内共发现12个岩管和15条岩脉，其中红旗5号岩脉具工业意义，已进行勘探，含金刚石多为岩体，品位不高，也含巨钻，具工业价值。

（3）坡里金刚石原生矿带

位于矿田北部，蒙阴县城东北35 km的坡里一带，距西峪矿带约16 km。矿带由30条岩脉组成，沿30°~40°方向展布，部分岩脉含金刚石，矿体分布面大而散，品位低、粒度小，不具工业价值，几乎无采矿意义。

山东金刚石总体以斑晶状态产出于橄榄岩型金伯利岩中，以岩管型矿体金刚石储量大。代表性岩管有胜利1号大、小岩管，以及红旗6号、22号、28号岩管等；岩脉型金伯利岩中金刚石含量小，但质量高，代表性岩脉是红旗1号（20世纪80年代初停采）。蒙阴矿田的金刚石含矿性自南向北由富渐贫，常马庄金刚石原生矿带富，西峪金刚石原生矿带中富，坡里金刚石原生矿带贫。

▲ 图3-12　蒙阴产金伯利角砾岩

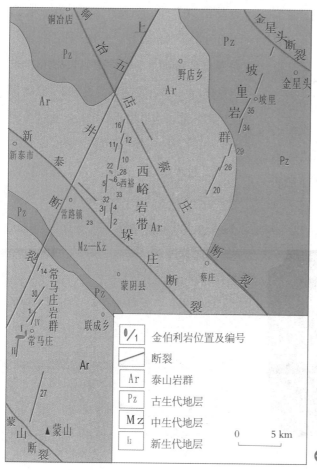

◀ 图3-13　山东蒙阴金伯利岩分布略图

蒙阴金伯利岩田出产的金刚石的颜色以无色、微黄色、浅棕色为主；晶形大多为八面体、曲面菱形十二面体；粒重自千分之几克拉至百余克拉，自矿田西南向东北颗粒变小；晶体完整度较差，原生碎块和次生碎块较多；常含包裹体，其成分主要为石墨、橄榄石和铬铁矿等。

蒙阴王村金刚石原生矿由胜利1号岩管的大、小两个岩管组成（图3-14），两个岩管（矿体）地表相距最小距离为20 m，最大距离约50 m。

胜利1号大岩管：矿体形态在地表呈椭圆形，长轴走向300°左右，长约100 m，短轴长约50 m；东西两侧向中间收缩，西部较陡，东部较缓，总体向南西向倾斜，倾角85°左右。大岩管从上到下随着深度的增加，矿体在总体变化趋势上是

由大变小，但变化缓慢，且短轴的缩小较长轴大；各断面的平面形态由地表至300 m，仍保持椭圆形态；各断面的位置迭次南移。剖面上，大岩管在垂深250 m处厚度较上下为薄，呈"蜂腰状"。就产状而言，地表至垂深50 m向南西倾斜；50~200 m倾向与上部相反，转为北东；200 m以下复转为南西。

胜利1号小岩管：位于大岩管之东，地表呈"L"形，有两个长轴，南部长轴方向与大岩管长轴方向一致，西部长轴方向为北北东向。小岩管南北长65 m，东西宽15 m。其南北两端与胜利2号岩脉相连；矿体地表边界由折线围成，追踪节理延展特点明显。随着深度的增加，矿体各水平面迭次南移。剖面上，矿体倾向西北，倾角80°，局部可见膨大现象。在垂深300~450 m段，大、小岩管相连，呈向北东凸出的牛轭形，长130~160 m，宽10~24 m。

1983年，在常马金伯利岩带中发现的"蒙山1号"钻石，重达119.01 ct，是国内原生矿中发现的最大的一颗钻石。后来又发现了"蒙山2号""蒙山3号""蒙山4号"和"蒙山5号"钻石。

这颗被命名为"蒙山1号"的金刚

图3-14　已被废弃的胜利1号岩管矿坑

石，是1983年11月14日，建材701矿选矿车间进行人工破碎大块矿石时，由工人张玉祥发现的，是目前国内金刚石原生矿产品之冠。"蒙山1号"（图3-15）重119.01 ct，规格33 mm×32 mm×27 mm，淡黄色，晶体透明，晶体形成十一面体和曲面六小面体的聚形，在X光线下呈蓝色荧光，在紫外线下呈淡蓝色光彩，是我国目前原生矿中发现最完整的一颗，母（金伯利岩）子（金刚石）

胎衣（矿石和金刚石之间的一层硬壳）均保存完好，世界罕见。

"蒙山2号"（图3-16）重65.57 ct，于1991年5月在蒙阴县胜利1号岩管发现。

"蒙山3号"重67.23 ct，于1991年10月在蒙阴县胜利1号岩管发现（图3-17）。

"蒙山4号"重45.74 ct，于2005年5月在蒙阴县胜利1号岩管发现（图3-18）。

2006年5月27日，建材701矿选矿车间工人刘霞，在手选大颗粒金刚石时，

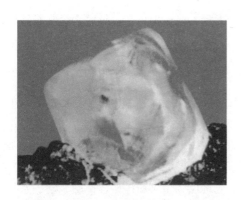

图3-15　"蒙山1号"金刚石

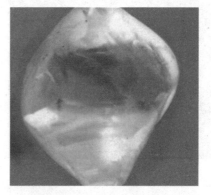

图3-16　"蒙山2号"钻石

图3-17　"蒙山3号"钻石

图3-18　"蒙山4号"钻石

发现一颗重101.469 ct的金刚石（"蒙山5号"）（图3-19）。"蒙山5号"长28.62~28.85 mm，宽19.49~20.54 mm，高17.23~17.54 mm，浅黄色，金刚光泽，晶体为变形八面体晶形，表面具三角形晶面花纹及平行生长纹理。棱角处溶蚀现象明显，边部可见明显的次生裂隙，角顶及内部可见几处暗色裹体。长波紫外光下具中等强度的蓝色荧光。此颗钻石是国内原生矿首粒从流程中选出的百克拉以上产品。

2. 金刚石砂矿

金刚石砂矿主要分布在郯城—临沭县一带，富含金刚石砂矿层位（图3-20）主要有于泉组、小埠岭组和黑土湖组，金刚石颗粒大，宝石级金刚石较多。

（1）于泉金刚石砂矿

据资料记载和民间相传，该区在明朝时期就有金刚石出土，但何时何地首次发现，已无据可考。该区为金刚石砂矿，每年均有一二十颗金刚石出土，其中，以郯城于泉东四岭、神泉院一带发现最多。矿区位于李庄镇于泉村北，广泛分布于第四系于泉组和山前组，岩性为棕黄—浅棕色黏土砂砾层、砾石层、含砾砂层等，该套地层为金刚石砂矿含矿层。含矿层一般

🔺 图3-19 "蒙山5号"钻石

🔺 图3-20 临沂市郯城县于泉金刚石砂矿层

未胶结，有时底部微胶结，呈沙砾状、土状结构，松散块状构造。矿石矿物为金刚石，其他重矿物见镁铝榴石、水铝石、石榴石、含铁矿物等。该矿区金刚石储量为8.72万 ct，属小型矿床，为于泉组和小埠岭组原始沉积经剥蚀改造富集而成。矿区基岩地层为白垩系青山群八亩地组和大盛群马朗沟组等。矿区东部为构造剥蚀夷平丘陵；中部为剥蚀侵蚀堆积二级阶地，分布残余冲积沙砾层；西部为平原。矿体主要分布于二级阶地上，多呈南北走向分布。矿体呈层状、似层状分布于基岩丘岗的表面，整个矿床由莫瞳、岭红埠、于泉、神泉院四个矿体组成。

著名的金鸡钻石出土于此地。金鸡钻石赋存于于泉组地层中，为目前国内发现的最大的钻石。1939年罗莫岭村农民罗振邦曾在于家泉与莫瞳之间拾获一颗特大级金刚石，称"金鸡钻石"，重281.25 ct，后下落不明。

（2）常林钻石

闻名中外的常林钻石是临沭县岌山镇常林村农民魏振芳（图3-21）1977年12月21日在田间翻地时，在松散的沙土中发现的，是我国目前为止发现的第一块超过100 ct的宝石级天然大钻石，也是我国现存的最大钻石，成为国宝。这块钻石以发现地点常林村命名为常林钻石，现收藏于中国人民银行。"常林钻石"（图3-22）长17.3 mm，重158.768 ct，颜色呈淡黄

▲ 图3-21 发现常林钻石的农村姑娘魏振芳

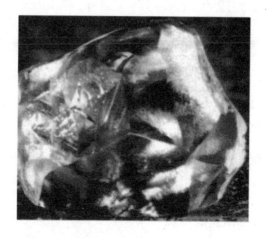

▲ 图3-22 常林钻石

39

色，质地纯洁，透明如水，晶莹剔透。晶体形态为八面体和菱形十二面体的聚形，比重3.52 g/cm²。

常林钻石发现于常林村西145 m，产于黑土湖组地层，该地层厚30～50 cm。下伏地层为小埠岭组，为一套灰白—灰绿色黏土、沙砾混合堆积，以其特有的颜色及成分成熟度较高的"白皮砾石"为其醒目标志，厚度20 ～50 cm，含金刚石、镁铝榴石等重矿物，不整合于孟疃组杂色砂页岩之上。

二、蓝宝石矿

蓝宝石，是刚玉宝石中除红色的红宝石之外，其他颜色刚玉宝石的通称。蓝宝石的颜色，可以有粉红、黄、绿、白，甚至在同一颗宝石上有多种颜色。蓝宝石的主要化学成分是氧化铝（Al_2O_3）。亚洲宝石协会（GIG）研究报告称，刚玉因含有铁（Fe）和钛（Ti）等微量元素，而呈现蓝、天蓝、淡蓝等颜色，其中以鲜艳的天蓝色者为最好。

昌乐县蓝宝石（图3-23）储量丰富，蓝宝石矿分布面积达450 km²，探明总储量数十亿克拉，是国内已发现的最大蓝宝石矿，占全国蓝宝石总资源储量的90%。昌乐蓝宝石具有颗粒大、晶体完好、颜色纯正鲜艳、二色性显著、纯净度

高、裂絮少、特异宝石多、出成率高等特点。晶体多为六方双锥和板面的聚形，呈腰鼓状和板状，粒度多为3～20 mm，重量多在15～30 g，已发现的最大晶体直径80 mm，重700多ct。昌乐蓝宝石的主要化学成分Al_2O_3达98.35%以上，含铁、钛、镍、锰、铬等微量过渡性元素，颜色呈靛蓝色、绿色及黄色等。

1.蓝宝石原生矿

山东昌乐蓝宝石原生矿，目前仅发现昌乐县五图镇方山、方山北麓、邱家河及老官李4处，其均发育在新近纪玄武质岩浆喷发中心部位。蓝宝石寄主岩为碱性玄武岩、玻基辉橄岩。新近纪玄武质岩石在沂沭断裂中段西侧的临朐、昌乐、沂水、安丘一带有广泛出露，岩石类型以碱性玄武岩、碧玄岩为主，呈似层状覆盖于古近

图3-23　优选的潍坊昌乐蓝宝石颗粒

纪五图群沉积岩系之上，形成大面积熔岩台地及熔岩穹丘。昌乐方山为一丁字形熔岩穹丘，南北长约2 km，东西宽约1.1 km，海拔250～300 m，出露岩石主要为新近纪尧山组碧玄岩和碱性玄武岩，其中有大量蓝色、褐色刚玉呈层状或囊状富集，且与二辉橄榄岩包体及歪长石、普通辉石、尖晶石等深源巨晶矿物紧密伴生。

（1）方山蓝宝石原生矿

昌乐方山蓝宝石原生矿（图3-24）矿体产状呈半个扇形倾向于方山西北，可以推测方山西北的邱家河附近是当时的火山喷发中心部位，中心式的火山爆发使得当时的蓝宝石原生矿以火山通道为中心、总体呈喇叭状。但是后期的中心式火山爆发使得原来的火山机构被破坏，仅仅保留了

现有的1/3左右的蓝宝石原生矿。按照现有面积2.2 km²、平均1.5 m厚度、平均品位50 g/m³估算，方山原生矿蓝宝石与刚玉之总资源量约为165 t；以该矿蓝宝石与刚玉之比约为1∶15计算，方山蓝宝石资源量约为11 165 kg，属于超大型蓝宝石原生矿床。

（2）乔山蓝宝石原生矿

乔山（图3-25），海拔359.5 m，东面与豹山相邻，西面与苍山相望，以出产艳色奇异的蓝宝石著称。矿体赋存于临朐群尧山组碱性橄榄玄武岩中，储量丰富，颜色纯正、颗粒大、净度高、裂絮少，以其特异宝石多和出成率高而闻名于世。矿体南北长1.2 km，东西宽1.1 km，立体形态似正立的圆锥形，品位25 ct/m³～ 35 ct/m³，资源储量约2 300

图3-24　方山产蓝宝石矿石

图3-25　潍坊市昌乐县蓝宝石矿产地——乔山

万 ct，属大型矿床。

2. 蓝宝石砂矿

地面裸露的原生矿（图3-26），因不断被风化剥蚀，其中玄武岩被风化为沙砾，蓝宝石因坚硬耐磨而不被风化，在水流的作用下，蓝宝石与沙砾混杂在一起被冲刷搬运到河流或低洼处，便形成了砂矿。昌乐蓝宝石矿具有原生矿和砂矿并存的特点，具有巨大的开发利用价值。

昌乐蓝宝石可分为普通蓝宝石和特异蓝宝石两类。按宝石学主要特征又可划分为蓝色蓝宝石（图3-27）、彩色蓝宝石（图3-28）、星光蓝宝石（图3-29）、

黑色蓝宝石（图3-30）及画意蓝宝石（图3-31）5个系列，约20个品种。其中，蓝色蓝宝石是昌乐矿区的代表性品种，占蓝宝石总产量的80%以上。

▲ 图3-26 潍坊昌乐蓝宝石砂矿

▲ 图3-27 蓝色蓝宝石　　　　　▲ 图3-28 彩色蓝宝石

▲ 图3-29 星光蓝宝石　　　　　▲ 图3-30 黑色蓝宝石

🔺 图3-31 画意蓝宝石——泰顶晨光（左）和霞光（右）

三、金钱石

金钱石，因岩石切面上状若堆积的古钱币而得名，产于平邑县北部与蒙阴县西南部交接处的白马关、九女关一带。因其石象征堆金如山、财富万贯，备受人们的青睐。金钱石分为白金钱石和黄金钱石两个亚种。

白金钱石，或叫银钱石（图3-32），呈脉状产出，分布在平邑西北部自白马关向南至九女关的狭长地带，有岩脉数条，岩脉走向东北—西南。脉体宽一般为20~45 cm，最宽60 cm，最长者不足500 m，且时断时续。浅表处已基本采完，深部藏量不清。银钱石是基性岩浆

岩类，矿物成分主要为斜长石、角闪石和少量石英，硬度较大，莫氏硬度7左右。目前，最大的一块白金钱石存于山东沂蒙钻石地质公园钻石博物馆，重16 t。

黄金钱石，或直称金钱石（图3-33），集中产在平邑保太镇刘家庄西山，呈岩株状产出。地表裸露部分为500 m³，已基本采完，深部藏量不详。因金钱石属岩浆岩，是来自地壳深部的岩浆沿断裂上升的侵入岩，所以无论是脉体还是岩株状小岩体，都不会局限于地表或浅部，深部当有更多的储藏量。其岩性也为基性岩浆岩类，其中，金钱石的组成矿物除斜长石、角闪石和少量石英外，还含有

较多的铁质物，常以褐铁矿化形式比较均匀地分布在岩石中。

金钱石是在地下岩浆上升的过程中，由于温度不同，结晶依次进行，早结晶的矿物形成若干个结晶中心，之后围绕这些结晶中心逐渐成层结晶，形成若干密集的球状结晶集团，直至岩浆残液在球粒间与已成的球粒一起冷凝而成的。这种岩石只有在非常特殊的地质环境下才能形成，是山东独有的石种。2008年，山东省观赏石协会已将金钱石评定为山东八大名石之一。

◀ 图3-32　存于山东沂蒙钻石地质公园钻石博物馆的银钱石

▲ 图3-33　金钱石

——地学知识窗——

山东八大名石

　　泰山石、齐鲁太湖石、博山文石、崂山绿石、长岛球石、天景石、五彩石、金钱石被山东省观赏石协会评定为山东八大名石。

四、临朐彩石

临朐彩石（图3-34）又名齐彩石、鲁彩石、五彩石，产于山东省潍坊市临朐县沂山北麓的崔册、焦家庄一带，主要产地位于崔册村西北约500 m的国老坪山上。含彩石的岩石为一弯曲的条带状，长约1 200 m，带宽5~50 m，平均宽20 m。焦家庄五彩石产地位于中焦家庄东南400 m的山坡上，五彩石层呈U形展布的带状，围绕山腰蜿蜒长约700 m，带宽5~15 m，平均宽10 m。此外，在太平庄、张家庄南岭等地也见零星出产的五彩石。五彩石原石储量丰富，经估算，总储量可达12 400 m³。但由于开采深度和开采手段的限制，回采将日趋困难，故出现资源枯竭一说。

临朐彩石的原石为寒武纪下部的泥质、白云质微晶灰岩，形成于5亿年前的

图3-34　临朐彩石

海相沉积碳酸盐类岩石，因受距今1.2亿年前左右来自地壳深部的岩浆岩（闪长玢岩）的侵入，在接触带使碳酸盐类岩石发生接触变质作用，发生物质交换和矿物成分的变化，产生新的矿物。特别是黑色和有色物质的进入和产生，使接触带的碳酸盐岩石产生多种色彩变化，称为五彩石。因接触带是不规则的，所以五彩石的分布总体上呈条带状且非连续的，多呈透镜状、鸡窝状断续分布。

临朐彩石，品种繁多，以其画面颜色和特点的不同，可分为老五彩、黑彩、白彩、水纹石、山水石、浪花石、倒影石、古画石、云雾石等等，不同品种各具特色。

五、沸石岩

沸石岩是一种应用广泛、开发前景广阔的非金属矿产，在世界新兴材料工业和其他一些应用领域中占重要地位。沸石矿物是1756年瑞典矿物学家F.A.F.Cronstedt在冰岛玄武岩杏仁体内首次发现的，由于其在吹管分析加热时发泡而取名沸石。自然界已发现的沸石有80多种，较常见的有方沸石、菱沸石、钙沸石、片沸石、钠沸石、丝光沸石、辉沸石等，都以含钙、钠为主。

潍坊市涌泉庄沸石岩矿床，位于潍坊市潍城之东20 km坊子区境内，主要矿床分布在涌泉庄东部一带，戴家庄居矿区中心部位。在地质构造部位上，其处于沂沭断裂带北段的坊子凹陷中。矿区内有大小十余个呈层状、似层状、透镜状的丝光沸石岩、斜发沸石岩单矿体。它们总体呈层状，与共生的膨润土、珍珠岩组成上、下两个复合矿层。沸石岩一般呈淡绿、黄绿或淡玫瑰色，少量呈紫色和杂色，致密细腻。

Part 4 沂沭断裂景观萃

沂沭断裂带景观荟萃，既有奇特的火山地貌，又有名闻天下的岱崮地貌，还具有地学研究意义的断裂带构造形迹。沿断裂带发育有昌乐、郯城等几个典型古火山地质遗迹，被誉为"中国第五地貌类型的沂蒙群崮"。

火山地貌景观

地壳内部岩浆喷出后堆积成的山体形态称为火山，由火山形成的地貌称为火山地貌。火山通常由火山锥、火山口和火山喉管三部分组成。根据火山喷发的特点和形态特征，可将火山划分为盾形火山、穹形火山、锥形火山及马尔式火山。按喷发活动的情况分为活火山、休眠火山和死火山。岩浆从地壳断裂溢出后，沿地面流动冷却形成了不同的熔岩地貌，如熔岩丘、熔岩垄岗、熔岩盖、熔岩隧道和熔岩堰塞湖。

沂沭断裂带的演化，都伴有火山活动。断裂带内新生代玄武岩喷发起始于强烈伸展的后期（古新世），在随后的断裂挤压期达到高潮。断裂带内出露大量的中生代和新生代火山岩，中生代火山岩为早白垩世青山群，该套火山岩地层的总厚度可超过5 000 m，沿断裂带分布在郚部、高桥、沂南、葛沟、潍坊、官庄、郯城、五莲、莒县、莒南等小型火山岩盆地内。

根据全岩分析，沂沭断裂带内的64个青山群火山岩多数为碱性系列，少数为亚碱性系列。断裂带内的新生代火山岩主要出露于沂水至昌乐一带，主要岩性为碱性橄榄玄武岩、碱玄岩。

沂沭断裂带的活动，造成了大量火山喷发活动，形成了规模宏大的古火山群及典型的熔岩地貌。

沿沂沭断裂带发育有潍坊昌乐、临朐、临沂郯城等几个典型古火山，其中最典型的是昌乐火山。

昌乐是山东省东部新生代火山岩的主要分布区，区域地质、断裂构造情况相对复杂。据地质专家考证，在距今1900万~400万年间的新近纪期间，沂沭断裂带的活动，在昌乐盆地产生了蔚为壮观的火山喷发，几十座火山相继喷出，构成了一幅万箭齐发、气冲霄汉、震撼山岳的壮丽画卷。受后期地壳运动的影响，火山被逐渐剥蚀，构成了一个层序清楚、构造典

——地学知识窗——

火山和熔岩地貌

盾形火山：多由熔岩组成，因坡度平缓、顶部平坦宽广而得名。夏威夷岛和冰岛都有熔岩构成的盾形火山。

穹形火山：由熔岩组成，多形成在原先的火山口内或火山锥旁侧的喷火口上，由火山喷出极黏稠的熔岩火山地貌堵塞在火山口内，进而向上隆胀形成。

锥形火山：由火山碎屑组成或由火山碎屑和熔岩混合组成，呈圆锥形，又称维苏威式火山。由火山碎屑组成的称为火山渣锥，由火山碎屑和熔岩混合组成的称为混合锥。

马尔式火山：只有低平火山口、没有火山锥的火山，多因水蒸气爆炸而成。喷发中只有少量火山碎屑在火山口周围堆积，形不成火山锥，火山口常积水成湖。

熔岩丘：熔岩流溢出地表冷却形成的圆形或椭圆形小丘，高几米到几十米，长几十米。

熔岩垄岗：熔岩流沿地表流动冷却形成的长条形垄岗，长几千米或几十千米，宽几十米至几百米。横剖面呈凸透镜状，中间微凸，两侧缓倾。熔岩表面常有许多反映熔岩流动过程中逐渐冷却形成的绳状皱纹，据皱纹凸出的方向可以得知当时熔岩的流动方向。

熔岩盖：在地形平缓地区熔岩流从中心向四周流动冷却形成的宽广原野。

熔岩隧道：当熔岩流还在流动时，熔岩表面冷却很快，熔岩外表已固结成壳，由于凝固的熔岩导热性非常小，熔岩流内部能长久地保持高温，使熔岩里未凝固的液体熔岩继续流到较低部位，于是在熔岩内形成空洞，成为熔岩隧道。

型、规模宏大的古火山群。该火山群是山东省迄今为止规模最大、保存最完整、特征最典型的古火山颈地质遗迹，是极为宝贵的火山地质遗迹。

昌乐县内共有古火山遗迹84处，一座座大小不等的古火山地貌形成各具形态的柱状节理景观，景观自然形态类型多样，火山岩岩相系列发育齐全。昌乐县境内的火山以锥形火山和盾形火山为主，或数峰相连、成群出现，或孤立一处、拔地而起，总体上具有浑圆的外貌，少陡崖峭壁，少见分明的棱角。岩浆喷出地表时，由高温到低温的骤然变化及岩浆的结晶分异作用，形成了大量柱状节理（图4-1），记录着当年熔岩喷发的壮烈气势。昌乐古火山柱状节理景观典型，形态万千，柱体随所处位置不同而异，粗细不同，其内含大量的橄榄岩包体及透长石巨晶，使岩石更具科研和观光价值。

△ 图4-1 火山熔岩柱状节理

——地学知识窗——

玄武岩柱状解理的成因

柱状节理是火山岩的一种特有景观。岩浆喷溢出地表流动静止后，表面快速冷却，其下面的岩浆因温度逐渐降低而形成半凝固状，内部出现多个温度压力中心，岩浆向温度压力中心逐渐冷却、收缩，产生张力场，在垂直岩浆冷却面方向上形成裂隙面（即张节理）。在此过程中，玄武岩浆中的长石、

△ 图4-2 不规则柱状玄武岩横截面

橄榄石、辉石等矿物结晶析出，因上述矿物多呈六方晶形，组成的岩石便呈六棱柱状；又由于各温度压力中心距离基本相等，围绕各温度压力中心的张节理距离也基本相等，故有规则的多边形张节理之组合亦呈六棱柱状。当然，也有四棱、五棱及七棱柱状的（图4-2）。

乔山、方山是典型的新生代火山机构的代表。乔山是昌乐地区的最高峰，海拔359.5 m。外形为锥状（图4-3），孤立一处，拔地而起。乔山山顶有人工揭露直立状六棱柱状玄武岩，直径20～30 cm。方山，因其"顶平如砥，四望皆方"而得名，为一处典型的火山颈相及火山喷溢相熔岩台地，是新生代盾形火山（图4-4）的典型代表。

北岩古火山口（图4-5）位于蝎子山东坡，玄武岩柱状节理发育。柱状节理构成的扇形造型优美，宛如一把倒置的大折扇。北岩古火山口保存有火山两次喷发的熔岩相互交切遗迹，右面第一次斜喷喷溢的岩浆形成的扇形柱状节理，被左面第二次直喷喷溢岩浆形成的垂直柱状节理明显切断，对研究火山喷发地质过程具有极高的科研价值，为国内罕见（图4-6）。

🔺 图4-3 锥形火山的典型代表——乔山

🔺 图4-4 盾形火山的典型代表——方山

🔺 图4-5 北岩古火山口颈

🔺 图4-6 北岩火山口两次喷发交切面

团山子古火山口（图4-7）是火山筒内充填的玄武岩栓，经过200多万年的长期风化剥蚀，被剥露出地面。火山口深约20 m，直径约60 m，岩栓柱状节理发育，东壁喷发纹理最清晰，红褐色的六棱柱石像被一高强磁极所吸引，呈辐射状，向上收敛，向下散开，像一把倒置的折扇，形象地记录了火山喷发时的壮观景象。

团山子火山口南侧20 m处，有完整火山颈围岩的剖面，从上至下依次为第四系、火山熔岩、火山灰、火山角砾岩、火山集块岩。火山熔岩在火山喷发后期势头减弱，熔岩流层覆盖在火山集块岩、火山角砾岩、火山灰之上，真实再现了火山喷发时喷出物体的先后顺序。火山集块岩包含砾岩、泥岩、砂岩等多种岩性，且所含岩块大小不一、形态各异。

蝎子山、黑山均发现几种不同角度、不同方位的玄武岩柱体相交会，玄武岩柱沿节理风化剥蚀后形成整齐的横切面，六棱柱横向节理特征明显、形态多样（图4-8）。

区内熔岩地貌主要有熔岩垄岗和熔岩盖两种类型。荆山和方山顶发育熔岩垄岗（图4-9）。其方山顶有多层气孔玄武岩相互叠加的熔岩地貌（图4-10），并且能清晰地看到两层熔岩流流动时形成的擦痕。团山子古火山口周围发育喷发相和平流相两种形式的火山岩相接触的景观（图4-11）。

图4-7　团山子火山口

图4-8　蝎子山柱状节理横切面

图4-9　荆山火山熔岩垄岗地貌

图4-10　方山顶多层气孔玄武岩相互叠加

图4-11　团山子喷发相火山角砾岩和平流相玄武岩接触面

岱崮地貌景观

岱崮地貌是继"丹霞地貌""张家界地貌""嶂石岩地貌"之后，为我国科学家最新发现的新的世界岩石地貌类型。它是指以岱崮为代表的山峰顶部平展开阔如平原、峰巅周围峭壁如刀削、峭壁以下是逐渐平缓山坡的地貌景观，在地貌学上属于地貌形态中的桌形山或方形山，因而也被称为"方山地貌"。崮是山东独有的一种特异地貌景观。中国地理学会依据山东省临沂市蒙阴县岱崮镇具有全国最集中的崮形地貌现象，将原称的"方山地貌"正式更名为"岱崮地貌"（图4-12）。

　图4-12　中国第五大地貌——岱崮地貌组照（聂松泽　摄影）

　　崮形地貌的形成和演化主要经历了四个重要的阶段：沉积阶段、构造抬升阶段、侵蚀剥蚀阶段、崩塌成崮阶段（图4-13）。

　　沉积阶段：早元古代，鲁西地区地壳演化开始了全域同步沉降，进入了滨海相沉积时期。至徐庄期、毛庄期，沂沭断裂带西侧在潮间带及滨海砂坝环境下沉积了以页岩为主，夹薄层云泥岩、泥云岩、白云岩、灰岩和砂岩的馒头组，厚度约250 m。该套地层的特征为岩石为泥质胶结，层理发育，抗风化的能力弱。至张夏期，该区海水加深，形成了巨厚的碳酸盐沉积。该组在临沂地层小区内可分为上、中、下三部分。下灰岩段为灰色巨厚层，以鲕粒灰岩为主，夹少量藻丘灰岩、生物碎屑灰岩，属本区成崮的基本层位；中部为盘车沟段，以钙质页岩为主，夹少量薄层泥晶灰岩、生物碎屑灰岩等，厚度55 m左右，属风化软弱层，因抵抗风化作用的能力较弱，被风化剥蚀后有利于平顶山的形成；上灰岩段由厚层藻礁灰岩夹少量鲕粒灰岩、薄层生物碎屑灰岩等构成，本区厚度一般为几十米。上述软硬相间地层，是岱崮地貌的形成物质条件。

　　构造抬升阶段：晚古生代时期，山东全境上升为陆，古气候由温暖潮湿逐渐变为半干旱。在此阶段，鲁西地区虽然整体抬升，但构造运动还相对稳定。尽管如此，地貌上已经出现了明显的高低差异。至中生代三叠纪，受印支运动影响，北北东向的巨型坳陷和隆起开始形成，聊考断裂以东地区继续持续上升剥蚀状态。自此以后，该区一致处于陆相剥蚀区。中生代晚期，本区处于陆内伸展与地幔隆起伴随大规模岩石圈变薄的大地构造环境之内。地壳的拉张作用不仅形成了大型断裂构造，同时形成了控制风化剥蚀作用的小型断层，为后期形成崮形地貌创造了条件。

侵蚀剥蚀阶段：至新生代，该地区仍处于侵蚀剥蚀区内，外动力地质作用表现为风化剥蚀作用沿构造破碎带进行，从而形成地表的沟谷，这一阶段是岱崮地貌形成的质变阶段。该阶段中，构成大部分崮体的巨厚层中寒武统碳酸盐岩已经被流水切穿，沟谷宽度逐渐扩大，沟谷、山丘的格架已显露雏形，山丘坡度也逐渐增大，被河流切穿的碳酸盐岩地块沿山脊方向也因双坡面背向侵蚀而分开，孤立的巨厚层碳酸盐岩台地得以出现，但崮形地貌发育尚不完善。这时的构造抬升作用可能已有

减弱，但是，由于地形的进一步分化、高差的进一步扩大等，为流水侵蚀以及风力侵蚀提供了更充分的条件，侵蚀速率相较以前更为迅速，重力侵蚀作用在该阶段已开始显现。

崩塌成崮阶段：该阶段由于地形高差大，被外动力作用切割的地层中软弱地层已经暴露，因此，成崮作用速率加快。由于形成崮体的石灰岩比上、下的软弱岩层抵抗物理风化的能力强，石灰岩层上覆的盖层逐渐被剥蚀并趋于殆尽，崮体下覆软弱岩层风化速度快，形成一个代表风化残积物休止角的山丘坡面，成崮的岩层往往形成悬岩，悬岩的崩塌造成崮体的面积缩小。这种作用周而复始，最终形成了现在的崮形地貌。正是这个阶段形成了岱崮地区的典型方山形态，也就是岱崮地貌的完全成熟阶段，大部分崮体成为多姿多态的中年模样。个别山丘上的崮体已经消失或者成为残崮，表明尽管岩块的抗蚀性能一样，但是，由于既定条件的差异，个别崮体没有很好的存留环境，不得不消失在崮林中。当然，可以预见，外动力地质作用不会停止，将来岱崮地貌会逐渐消失，但其存在的年限，目前还无法预测。

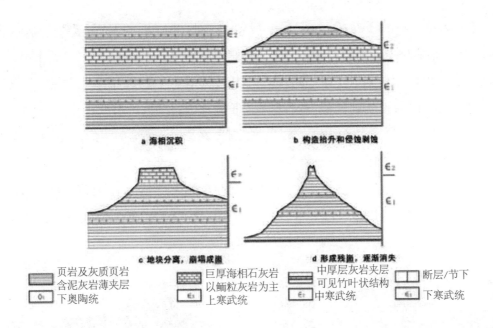

a 海相沉积　　　　　　　　　　　b 构造抬升和侵蚀剥蚀

c 地块分离，崩塌成崮　　　　　　　d 形成残崮，逐渐消失

| 页岩及灰质页岩含泥灰岩薄夹层 下奥陶统 O_1 | 巨厚海相石灰岩以鲕粒灰岩为主 上寒武统 ϵ_3 | 中厚层灰岩夹层可见竹叶状结构 中寒武统 ϵ_2 | 断层/节下 下寒武统 ϵ_1 |

▲ 图4-13　崮形地貌形成演变模式

　　岱崮地貌主要分布在鲁中南低山丘陵区域，宏观层面，包括沂水、蒙阴、沂南、沂源、平邑、费县和枣庄市山亭区等7个县、区境内，较为知名的崮不下百座，形成了风景壮美的沂蒙崮群。"一片好风光，七十二崮堪爱"，人们通常所说的"沂蒙七十二崮"并非确指。沂蒙山区实有崮200余座，其中较有名气者近百座。崮群山峦密集，崮与崮遥相呼应，紧密相连，起伏跌宕，风光无限，景色迷人。崮多以象形命名，如石人崮、拔锤子崮、油篓崮、马头崮、龙须崮；也有的以崮的作用和方位命名，如晨云崮、暸阳崮、透明崮、北岱崮、南岱崮；还有的以传说命名，如孟良崮、抱犊崮、和尚崮等。

　　沂蒙七十二崮险峻壮观各具特色，其中享有盛名的有摩云崮、苏家崮、纪王崮、大崮、南岱崮、北岱崮、孟良崮、抱犊崮等。

　　摩云崮（图4-14）俗名大歪歪，在平邑县城略偏东北18.5 km处。海拔1 025 m，面积1.5 km²，为沂蒙山区群崮中最高者。其因山势险峻而倾斜而得名。山体由太古代泰山群系变质岩构成。生长松柏、刺槐等。

苏家崮（图4-15）在平邑县城南29 km处，海拔498 m，面积2 km²。山体由寒武系、奥陶系的灰岩、砂岩、页岩构成。原名抓九山，后归苏姓管理，遂改今名。1941年12月8日，八路军山纵一旅三团一部曾在此抗击过日本侵略者，毙伤敌300余名。

纪王崮（图4-16）在沂水县城西北30 km处。据《沂水县志》记载："纪王崮，巅平阔，可容万人"；"纪王崮，相传为纪子大夫其国居此，故名。"纪王崮顶面积广大，有"七十二崮第一崮"之称。在沂蒙山七十二崮中，只有纪王崮顶部有人居住。此崮呈南北走向，海拔577.2 m，崮顶平坦，面积广大，近4 km²，适于人居住。山体主要

🔺 图4-14　摩云崮

🔺 图4-15　苏家崮

🔺 图4-16　纪王崮

由页岩、灰岩、粉砂岩、厚层鲕状灰岩等组成。植被以刺槐为主。

大崮（图4-17）在蒙阴城东北30 km处，海拔628 m，面积2 km²。因与附近一小崮对峙而得名。崮顶南北长，地面开阔。崮周石壁如削，崖高一般为10 m左右。有东、西、南、北4个隘口可达崮顶，称四天门。山体由鲕状灰岩、泥质灰岩、砂岩、页岩、花岗片麻岩构成。崮南崖下有泉，常年流水。林木覆盖率为80%，主要树种为刺槐、松柏。1941年11月7日，抗日军民在此浴血抗击日军，史称大崮保卫战。

南岱崮、北岱崮（图4-18）位于蒙阴县岱崮镇驻地西北8 km左右，因传说在其山顶可望见泰山，故名望岱崮，后

◀ 图4-17　大崮

◀ 图4-18　南岱崮、北岱崮
（右侧为北岱崮，左侧为南岱崮）

演变简称为岱崮。以岱崮为名的有南、北二山，对称为南、北岱崮。南岱崮海拔705米，面积1 km²。北岱崮海拔679 m，面积2 km²。岱崮顶部四周悬崖峭壁，高20余m，易守难攻。1943年和1947年，曾先后在此发生两次著名的岱崮保卫战。

孟良崮（图4-19）在沂南县城西24 km处，相传孟良曾屯兵于此而得名。海拔536 m，面积1.5 km²。与大崮顶、大庵顶、雕窝三峰呼应。岩性为泰山群雁翎关组片麻岩。多石坎和洞穴，怪石嶙峋。三面陡峭，唯南坡稍缓。汇水为汶河一大支流。林木以马尾松和刺槐为主，覆盖率达70%，建有孟良崮林场。1947年5月，华东野战军在此发起举世闻名的孟良崮战役，全歼国民党王牌军74师。崮顶上有

"击毙张灵甫之地"的摩崖石刻，1985年7月在崮顶修建了孟良崮战役纪念碑，西南侧建有孟良崮医院和孟良崮烈士陵园。

抱犊崮（图4-20）在兰陵县城西北33 km，兰陵、费县、枣庄三县市交界处，又名抱犊山、君山、豹子崮，汉称楼山，魏称仙台山。唐《元和郡县志》称，昔有一隐者抱犊上山垦种，故名。此崮属尼山山系，山体呈南北走向，由石灰岩、砂岩构成，主峰海拔580 m，面积13.5 km²。山北麓为西泇河发源地之一。山势陡峭如壁，登山仅一石径。崮顶有平田数顷，水池两处，深数尺。立崮顶可东眺黄海，称"君山望海"。因此崮险峻，历来被视为军事要地。明末清初农民起义领袖九山王王俊和民国时孙美瑶等曾据此。抗战时期，八路军一一五师在此创建

▶ 图4-19　孟良崮

了抱犊崮山区抗日民主根据地。

泉崮（图4-21），沂蒙七十二崮之一，海拔586.4 m，距离费县县城50 km，位于费县与枣庄市山亭区的交界处。崮体呈半月形横亘东西，北面与双山相邻，东南与抱犊崮遥遥相对。既是山亭与费县两区县的交界，又是枣庄、临沂两市的交界，山西半部属山亭区，东半部属费县。泉崮挺拔高耸，崮顶以东西为主，东首稍折而北。清《峄县志·山川上》载："岩壑幽深，陵谷环匝，遥望一山迥出群峰，即滕之泉固诸山。" 关于泉崮流传着众多传说。一说是泉崮和对面的双山是杨戬——杨二郎用扁担挑过来的，因为路途遥远且过于沉重，走到这里时扁担正好断了，于是两座山就留在了这里。还有一说，泉崮山上有口井，井里有口金鏊子，这口金鏊子只有13个亲兄弟一起用力才能抬起来，谁能把金鏊子抬起来谁就会发大财。泉崮山脚下有个老丈，老丈已经生了12个儿子，他很想把金鏊子抬起来，可是还差一个儿子怎么办呢？于是就让他的女婿假扮第十三个儿子去抬金鏊子。在他们历经千辛万苦快把金鏊子抬出井口时，老丈在旁加油，一时失口叫道："女婿来，加油，金鏊子快抬出来了！"只听"砰"的一声，金鏊子又掉回到井里去了。从此，老丈的事广为流传。

▲ 图4-20　抱犊崮

▼ 图4-21　泉崮

▽ 图4-22　锥子崮

锥子崮（图4-22）位于山东省沂水县城西北29 km，处夏蔚、泉庄两镇交界处的云头峪村北侧，海拔602 m，面积1 km²。因为山顶像一立锥而得名，又因崮顶高耸入云，人们称为云头崮、云头山，崮下有一村因此得名云头峪。锥子崮附近自东至西三峰耸立，东边的是锥子崮，中间最小的叫小崮子，西边的因崮顶倾斜而得名歪头崮，海拔384.90 m。

构造形迹景观

构造形迹景观是内动力地质作用形成的旅游景观，主要包括典型的褶皱、断层、节理、构造体系、大陆裂谷等景观。沂沭断裂带的活动造就了多种构造形迹，形成了丰富的构造形迹景观，主要包括典型的褶皱和断层，在昌乐、临沭及郯城表现较为突出。其中，马陵山区是沂沭断裂带出露最好、各种构造形迹齐全的地段，规模壮观，内容丰富，保护完好。

马陵山区出露沂沭断裂带东部两条主干断裂，即昌邑—大店断裂和安丘—莒县断裂，纵贯南北的马陵山即为该区新构造运动的产物。

一、断裂和褶皱

1. 华侨东岭断裂构造变形遗迹

为马陵山西坡断裂的出露点之一。华侨东岭断裂西盘为山前组含碎石黏土质砂，断裂东盘为大盛群孟瞳组砂岩。沿断面发育宽约2 m的灰黄色断层泥，泥壁擦痕向南东倾斜75°，显示东盘逆冲。在断面以东发育宽约13 m的节理带，节理带东侧发育两条断裂，其间所夹地层发育牵引褶皱，枢纽近南北向，表现右行挤压特征。断束以东为宽约20 m的断裂破碎带，由西向东断裂破碎依次减弱：西侧岩石片理化显著，角砾经磨圆形成椭球状，直径为2～15 cm，定向性明显；东侧破碎带大多呈次棱角状的构造角砾岩，角砾大小悬殊，较大角砾定向性显著，呈南北向近直立状，反映断裂左行张扭性质。破碎带以东宽约150 m的地带内，主要是由黄绿色、紫红色泥质粉砂岩组成的尖棱状褶皱带（图4-23）。

2．麦坡断裂构造变形遗迹（图4-24）

地处郯城县高峰头镇麦坡村东马陵山西坡，出露部分南北长约2 600 m，东西宽约160 m，属于郯庐断裂带典型构造剖面。断裂走向北东15°，断面倾向南东东，倾角约80°。断层面几乎直立，微微向西倾斜，西侧为下盘，东侧为上盘。上盘顺断层面倾向向上滑动，属于逆断层，主要是在水平挤压力作用下形成的。东西两盘均为白垩系大盛群孟疃组地层，东盘为孟疃组一段，紫红、暗紫红色交替为其宏观颜色标志，岩性以紫红、暗紫红色泥质粉砂岩为主，次为细砂岩、粉砂岩，夹中粒砂岩及少量页岩、含砾砂岩；西盘为孟疃组二级，岩性以砖红色色调为其主要宏观外貌。岩性以泥质粉砂岩为主，次为细砂岩、中细砂岩和粉砂岩。粉砂岩中小型交错层

▲ 图4-23　尖棱状褶皱

▲ 图4-24　麦坡断裂带

理发育。

麦坡断裂带内挤压明显，含扁豆体、断层泥等，可见辉绿岩脉、煌斑岩脉被右旋错断的现象。麦坡断裂两侧岩石均为中生代白垩纪河湖相氧化沉积环境，由于沉积速率、氧化程度的不同而产生差异。西侧砖红色的粉砂岩，为沉积速率缓慢、氧化彻底的环境条件下所形成，易风化；东侧紫红色砂页岩，是在沉积速率相对较快、氧化不彻底的环境条件下所形成的沉积物。两者颜色的反差，以及西盘浅红色粉砂岩在风化、

流水等外力地质作用影响下，形成的壮观的丹霞地貌（图4-25），构成了区内又一道亮丽的风景线。这种"顶平、坡陡、麓缓"的丹霞地貌，在北方是极为少见的。

二、岩层构造

1. 山南头、裂庄水平层理

在受构造影响轻微地段，水平层理（图4-26）保存较好，互层砂页岩在流水冲蚀及风化作用下，形成了奇特的地质现象。

2. 纪庄单斜

马陵山区单斜构造发育，区内分布的大

▽ 图4-25 麦坡断裂丹霞地貌

——地学知识窗——

丹霞地貌

丹霞地貌是指由产状水平或平缓的层状铁钙质混合不均匀胶结而成的红色碎屑岩（主要是砾岩和砂岩），受垂直或高角度解理切割，并在差异风化、重力崩塌、流水溶蚀、风力侵蚀等综合作用下，形成的有陡崖的城堡状、宝塔状、针状、柱状、棒状、方山状或峰林状的地貌特征。

面积砂页岩，层理发育，岩层重重倾斜叠置，景观独特，称为"千层岩"。地貌上常表现为单面山。纪庄水库四周的单斜地层（图4-27），层理清晰，青松点缀，壮观秀丽，令人流连忘返。

◀ 图4-26　临沂市郯城县马陵山南头、裂庄砂页岩水平层理

◀ 图4-27　临沂市郯城县马陵山纪庄砂页岩单斜层理

——地学知识窗——

单面山

又称半屏山，是一种地形，指一边极斜一边缓斜的山。形成的原因通常是，原本倾斜排列的岩层，因其上层岩石较硬，下层岩石较软，受到风或水的侵蚀之后，软的一边的地层受到较多的侵蚀，形成较另一边陡的坡度，因而形成单面山。

3. 垂直层理

原始水平层理在构造运动影响下，形成了壮观的垂直层理（图4-28）。

4. 南庄断层

区内常可见到水平岩层与垂直岩层相交的地质现象，这是地质作用形成的断层（图4-29）。这种"横平竖直"的地质构造实为少见，可在马陵山区就不足为奇

了，这显示了沂沭断裂带内地壳运动的强烈，也展示了大自然的非凡魔力。

三、层面构造

在白垩系大盛群地层中，岩石层面上保留的波痕指示了当时宁静的湖泊沉积环境，而随处可见的泥裂则显示了当时气候的干燥与炎热，这些雨痕似乎又给大地带来了一丝清凉与生机。

🔺 图4-28 临沂市郯城县马陵山纪庄地层发育的垂直层理

🔺 图4-29 临沂市郯城县马陵山南庄断层

——地学知识窗——

波痕、泥裂和雨痕

波痕（图4-30）：由风、水流或波浪等介质的运动在沉积物表面所形成的一种波状起伏的层面构造。按成因可分为浪成、流水成因和风成波痕三种类型。

泥裂（图4-31）：沉积物未固结即露出水面，受到日晒，水分蒸发，体积收缩而产生。裂纹常具上宽下窄形态，其中被泥沙填充。

雨痕（图4-32）：雨点降落在未固结的泥、砂质沉积物的表面，可形成圆形或椭圆形凹坑，直径2~3 mm（有时可达15 mm），深1~2 mm，边缘稍高。这种构造有时可以保留在沉积岩的层面上。

△ 图4-30 波痕

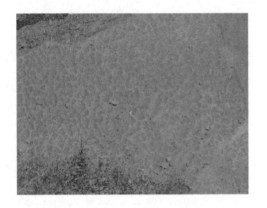

△ 图4-31 泥裂

△ 图4-32 雨痕

Part 5 沂沭断裂震害强

　　1668年7月25日发生在沂沭断裂带上的8.5级郯城大地震，几乎晃动了大半个中国，引发了大量的崩塌、滑坡地质灾害，是中国历史上最大的地震，死亡人口约5万，史称"旷古奇灾"。

沂沭断裂地震带

地震是地球内部物质运动的结果。这种运动反映在地壳上，使得地壳产生破裂，促进了断层的生成、发育和活动。"有地震必有断层，有断层必有地震"，断层活动诱发了地震，地震发生又促进了断层的生成与发育，因此，地震与断层有密切联系。

沂沭断裂带活断层是整个郯庐断裂带活动断层的主体，也是一条重要的地震活动带。沂沭断裂带的生成和发展过程十分复杂，它的形成经历了多期、多次的构造运动。进入新生代以后，造成现代地形基本特征的新构造运动较为强烈。该断裂带的垂直运动，北部（安丘）、南部（宿迁）较中部（相公）变化幅度大，运动的总趋势是向东倾斜；水平运动显示为东西向挤压、南北向拉伸的特征。在四条主干断裂中，安丘—莒县断裂表现得最活跃，活动最强烈。第四纪以来，断裂带控制了沂河、沭河、潍河的流向及河道的迁移，切断了新近纪的玄武岩，也引起了多次地震。

历史记录表明，该断裂带及附近先后发生了公元前70年诸城、昌乐一带7.0级地震，1668年郯城8.5级地震，1829年益都—临朐6.4级，1888年渤海7.5级地震，以及1969年渤海7.4级地震。该断裂带现代中小地震活动水平偏低，1970年以来发生5.0~5.9级地震仅1次，4.0~4.9级地震7次，主要以2.5级以下微震活动为主（图5-1）。

1970~1973年，山东省地震办公室、中国科学院地质研究所和地震研究所共同开展山东地震地质概查，着重对该构造带的新活动状况进行了研究，并首次在该地震构造带上圈画出5个地震危险区段：临沂—汤头一级危险区，郯城和安丘两个二级危险区，莒县和潍坊两个三级危险区。

根据沂沭带历史地震和现代地震震中

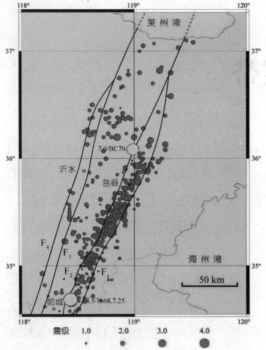

F₁.昌邑—大店断裂；F₂.安丘—莒县断裂；

F₃.沂水—汤头断裂；F₄.郯郡—葛沟断裂

◀ 图5-1 沂沭断裂带近代(1969年~2004 年)
地震（红色）和历史地震（黄色）震中分布
（据中国地震台网中心数据）

分布看，强震都发生在沂沭带的特殊构造地貌部位。 例如：公元前70 年诸城昌乐间的7.0级地震发生在泺丹山地垒火山岩强烈活动区内，1668年郯城8.5级大地震发生在安丘—莒县地堑盆地南段，而1888年和1969年渤海的7.5级和7.4 级两次地震则发生在渤中隆起的南缘。据近年的山东省弱震分布看，渤中隆起及其周围，莒县至临沭的第四纪断陷盆地及其周边附近，孟瞳、贾悦东西向断裂以北至石埠子一带，马站地堑盆地的马站至郁邵一带以及马陵山等地，都是弱震震中分布相对密集

的区域，而这些地方正是构造地貌比较发育的地方。因此，构造地貌与发震构造的关系大致可归结为以下三点：

① 构造的边界断裂，特别是与其他构造交会处的构造地貌边界部位，常常是发生中强以上地震的部位。

② 第四纪断陷盆地边界及其附近，差异运动较强烈地区，年青断褶山和年青火山活动区及其附近，则是经常发生弱震及较大地震的部位。

③ 构造地貌中有新老之分，那些老的构造地貌以外力侵蚀为主，控制它的断裂已不

活动或活动较弱,因此它们与地震关系不甚密切。那些新构造地貌,尤其是新构造期以来形成的构造地貌,控制它的断裂至今仍在活动,与地震的关系则较为密切。

——地学知识窗——

震级和地震烈度

震级是指地震的大小,是表征地震强弱的量度,是以地震仪测定的每次地震活动释放的能量多少来确定的。震级通常用字母M表示。我国目前使用的震级标准是国际上通用的里氏分级表,共分9个等级。通常把小于2.5级的地震叫小地震,2.5~4.7级的地震叫有感地震,大于4.7级的地震称为破坏性地震。震级每相差1.0级,能量相差大约30倍;每相差2.0级,能量相差约900倍。

地震烈度是指地震时某一地区的地面和各类建筑物遭受到一次地震影响的强弱程度。同样大小的地震,造成的破坏不一定相同;同一次地震,在不同的地方造成的破坏也不同。一般情况下,仅就烈度和震源、震级间的关系来说,震级越大,震源越浅,烈度也越大。

旷古奇灾——郯城大地震

公元1668年,即康熙七年间,清王朝政治稳定,经济复苏,可谓国泰民安,欣欣向荣。然而,在这繁荣的背后,在中国东部的大片地区,异常现象正愈演愈烈,一场旷古奇灾一触即发。

史料记载,郯城地震前4年,即1664年秋冬,在震中区西部广大地域,包括山东的西部、河南、河北、江苏和安徽等省的部分地区出现了大面积干旱。次年旱情持续发展,遍及整个山东省,并蔓延到河南、河北、安徽和江苏等省。这年山东除胶东半岛有些许麦收外,其他各地夏、秋粮绝产，真正是"千里赤地"，有的县出现"人相食"的惨景。对山东省1640～1900年近300年的有关旱史统计，震前的干旱范围之大、旱期之长、灾情之重是前所未有的，可谓"特大干旱"。大旱之后3年，即1668年发生了8.5级郯城大地震。到了郯城大地震的前一年（1667年），持续了3年的大旱一反常态，山东德州"霪雨河溢"，莱阳"大雨自六月起至八月止，稼伤过半"，济南地区"夏大雨雹，秋大水"。到了大震当年，降雨连绵不断，时而暴雨成灾，如山东即墨"六月霪雨连绵，平地波涛泛涨、田禾淹没，死者甚众"。

随着气象的变化，大震之前的各种异常现象如雨后春笋，层出不穷，而且范围很广，遍及山东、河南、江苏、安徽等地。如

大震前的小震活动、出现热异常。《地震》诗里说热得人连气都喘不过来，"炎热猛东首，便便但喘息"。大震前日月星辰异常，地表水异常，地生白毛，短者一两寸，长者尺余，地声、地光频发等。面对如此多的震前异常现象，囿于时代和科学普及的局限，人们对此虽觉怪异，却没有谁知道这是大自然对人类发出的预警信息。

1668年7月25日晚8时（清康熙七年六月十七日戌时），在山东南部发生了一次旷古未有的特大地震，震级为里氏8.5级，极震区位于山东省郯城、临沭、临沂交界，震中位置为北纬34.8°、东经118.5°，极震区烈度达Ⅻ度。由于极震区大部分位于郯城县境内，故称为郯城地震（图5-2）。这次地震是我国大陆东部

▲ 图5-2 郯城麦坡地震活断层遗址

板块内部一次最强烈的地震，造成了重大的人口伤亡和经济损失。这次强烈地震波及中国东部绝大部分地区及东部海域，遍及黄河上下、长江南北。强烈有感的Ⅴ度区北起辽宁南部，西至山西太原、湖北襄樊，南至江西吉安，东至隔海遥望的朝鲜半岛等，连日本等地都有感，有感区面积近100万km²；有震害记载的地区达19万km²，其中，郯城、临沂、临沭、莒南、莒县、沂水、新沂、宿迁、赣榆、邳州等遭受极其严重破坏，山东大部、江苏和安徽北部150余县均遭受不同程度损失，是有史以来我国东部破坏最为强烈的地震，也是世界上为数不多的造成严重破坏的特大地震之一。

一、郯城地震烈度分布

郯城大地震是震害史料记载最为丰富的历史大震之一。随着我国对特大地震研究的不断深入，郯城大地震的等烈度线也几经修订，在1985~1987年开展的"重新鲁南地区地震区划"项目(简称鲁南项目)中，高维明等对该地震重新进行考察，查阅增补并重新分析地震史料，给出这次地震更为详细的地震等烈度线分布图。按照他们给出的等烈度线图，各烈度区分布范围如下：

Ⅻ度区：包括郯城县中部和北部大部分区域、临沭县西部和临沂市(原临沂县)西南部，约1 200多km²。区内遭受毁灭性破坏，地表强烈变形破坏，较普遍出现地裂和喷沙冒水现象，人畜伤亡严重。

Ⅺ度区：包含临沂市绝大部分区域和郯城、莒县、莒南、沂南、苍山、费县、临沭及江苏东海等县(市)部分区域，面积5 300多km²。区内遭受近于毁灭性破坏，地表变形现象严重，人畜伤亡严重。

Ⅹ度区：北至诸城，南至新沂南，西至蒙阴，面积约为16万km²。城郭官民房舍多数倾倒毁坏，人畜死伤较多，地表变形较严重。

Ⅸ度区：北至潍坊、益都（现青州），南至江苏省邳州市、沭阳，东至日照、胶县，西至兖州、邹县，面积为24万多km²。房屋建筑倒塌、毁坏、损坏较多，人畜多死伤，地表有地裂、山崩、涌水出沙现象。

Ⅷ度区：北起济南至昌邑、即墨一带，南至江苏省盐城、涟水一带，西至微山、济宁、泰安，面积达5万km²。部分建筑物倾倒，人畜有死伤，有地陷裂、山崩现象。

Ⅶ度区：北起胶东半岛至惠民、德州一

带，南至安徽省淮北、蚌埠到江苏省盱眙、宝应、大丰，西至菏泽、河南省商丘，面积近20万km²。建筑物有倾倒，多有损坏，有人畜死伤，个别地方地裂出黑水。

Ⅵ度区：北起黄河口北，南至安徽省安庆、宣城到上海，西至河北省冀州市、邱县到河南省安阳、郑州一带，面积近40万km²。区内房屋少量倾倒，部分损坏，有人畜受伤者。

二、地震灾害和损失

这次地震造成了惨重的地震灾害。建筑物倒塌砸死、砸伤人畜，地表陷裂、出水、山崩等死伤人畜，此外，次生灾害造成的经济损失和人畜伤亡也是极其惨重的，尤其是震后人们无家可归，又遭受洪水和疫病摧残，死伤极其严重。正如灾民歌里所唱的"更苦霪雨不停休，满陌秋田水涨流"，"先时自谓火方过，谁知灾后病来来，恨不当时同日死，于今病死有谁哀"。

据史料记载的不完全统计，郯城大震直接死于地震的人数超过5万人。其中，最惨重的为郯城、临沂、莒县等极震区，死亡人数占总死亡人数的80%以上，多被建筑物倒塌压死。

1. 建筑的破坏

建筑物的破坏，是史料中记载最翔实

的内容，几乎所有县志都有记载，据初步统计，受到破坏的共有144个县。极震区（地震烈度大于Ⅺ度）面积5 000多km²，无论是房屋还是城墙一并倒塌。郯城："一时楼房树木皆前俯后仰，以顶至地者连二三次，遂一颠即倾。城垛全坍，周围坼裂，城楼倾尽，城门压塞，监仓衙库无存，烟灶俱绝。"沂州（今临沂）："城郭、官室、庙宇公廨一时尽毁，人无完宇"，"官廨、民房、庙宇、城楼、墙垛尽倒，仅存破屋一二，人不敢入"。莒州（今莒县）："官民房屋、寺庙监库、城垣俱倒，六房文案沉压泥水无存，周围百里并无存屋。"另据记载："官廨门第和庙宇等公共设施一时尽毁，人无完宇"，造成毁灭性破坏。

2. 水灾

这次强烈地震造成河堤严重破坏、大型水库堤坝因地震产生垮塌造成严重的水灾。据历史资料查证分析，这次地震产生的水灾，主要表现在淹没城池和田地、溺死民众、破坏水利设施等。从记载看，至少有10座城市在地震中明显地遭到了洪水的袭击。如江苏省安东（今涟水）"城内大水行舟"，松江府（今上海市松江）地震时"兼以水涨，冲倒城郭屋庐"。这次地震还震坏了黄河上的三义坎堤防，洪水建瓴而下，直奔清河县城 (今江苏清江市西南)，几乎毁灭了整个县城。另据记载，地震过后近一个月时，黄河在江苏邳州 (今邳州西南古邳) 决口，在原有震灾的基础上又雪上加霜，"残屋剩椽，荡然无余"，邳州城受到了致命的破坏。政府机构失去了办公处所，百姓也被逼到城南的大堤上勉强度日。这次决口很可能与地震有关，地震使黄河大堤产生了裂缝或管涌，在水流的作用下，经过 20 余日的渐变，终于在 7 月 12 日发生了决口这一突变。邳州城到康熙二十三年时，大部分城区仍浸泡在水中，给城内人民带来了长时间的灾难。

3. 地裂、喷沙冒水

地裂、喷沙冒水造成大量农田毁坏、禾稼受损，也是震区较严重的次生灾害。

——地学知识窗——

地震前兆和自救口诀

地震前兆：

震前动物有预兆，群测群防很重要。牛羊骡马不进圈，猪不吃食狗乱咬。

鸭不下水岸上闹，鸡乱上树高声叫。冰天雪地蛇出洞，大猫携着小猫跑。

兔子竖耳蹦又撞，鱼跃水面惶惶跳。蜜蜂群迁闹哄哄，鸽子惊飞不回巢。

家家户户都观察，综合异常作预报。

自救口诀：

高层楼撤下，电梯不可搭，万一断电力，欲速则不达。

平房避震有讲究，是跑是留两可求，因地制宜作决断，错过时机诸事休。

次生灾害危害大，需要尽量预防它，电源燃气是隐患，震时及时关上闸。

强震颠簸站立难，就近躲避最明见，床下桌下小开间，伏而待定保安全。

震时火灾易发生，伏在地上要镇静，沾湿毛巾口鼻捂，弯腰匍匐逆风行。

震时开车太可怕，感觉有震快停下，赶紧就地来躲避，千万别在高桥下。

震后别急往家跑，余震发生不可少，万一赶上强余震，加重伤害受不了。

地裂、喷沙冒水，在该地震史料中记载甚多，如"地裂泉涌有淤泥细沙，水涌，穴涌沙泉，两岸有沙"（郯城县），"皆翻土扬沙"（莒州），"沿海地裂涌水"（安丘），"涌裂黑沙"（平度），"地裂水泛，望成巨浸"（涟水），"地裂处沙涌水飞"（沭阳）。地裂、喷沙冒水和涌泉发生的地方已经涉及黄河冲积平原、苏北平原等远离震中的地区，这与当地的地下水位高、冲积层松软、砂基液化现象明显有关。在沂沭断裂带上地下水位的喷涌高度，郯城最强有二三丈高，沂州高数尺，莒县高二至四尺，反映了地震南强北弱、由南而北衰减缓慢的特点。

4. 山崩、山裂

关于山崩、山裂的记载很多，最典型的是莒县的山崩。据《客舍偶闻》记载：莒州地震如雷，连日不止，马鬐山崩四散，五庐固山劈裂一半，十三层塔一座一劈一半，阎家固、施风朵、科罗朵、马鬐山、大山各裂一半。显然这是位于高烈度区的一种表现。沂州：山崩地裂。长清：马山崩损丈余。泰安州：朱山崩裂。邹县：震落峄山上大石一块，其声如雷，火光一道如流星，乱坠小石不计其数；城东葛庐山劈裂数十丈。峄县：陷裂山崩。临淄：栖霞山裂。安丘：山亦有崩颓者。诸

城：山崩。蒙阴：城东八里山脊开，山崩卒落石。日照：山崩地裂。

5. 瘟疫

郯城地震正值夏季炎热多雨季节，有史料记载："……其时死尸遍于四野，不能殓葬者甚多。凡值村落之处，腥臭之气达于四十余里，臭不可闻。"随之而来的是瘟疫流行，如史料记载："予下车甫两月，而天灾存至，疟痢继发，号哭之声，彻于四境。"又记："嗟之哉，漫自猜，天灾何事洊相摧，愁眉长锁几时开，先时自谓灾方过，谁知灾后病还来，恨不当时同日死，于今病死有谁哀。"（冯可参）康熙淄川县志卷7页记载："露宿岂云病，盈亏固其常，天道尚如此，人事敢太康。"据估计，因瘟疫流行死亡的人数也相当巨大。

三、郯城地震遗迹

地震遗迹，是对历史地震最直观的记录，可以通过它们对地震进行更深入的认识和了解。1668年地震距今已300余年，随着岁月流逝，人口繁衍，人类的建设和资源开发，加上洪涝和战乱等天灾人祸，地震遗迹的保存已寥寥无几。虽然地震专家通过野外考察和开挖，发现了不少这次地震的地表破坏和开挖揭露的地震时地面

震害遗迹，但在地表找到震时留下的遗迹很困难了。极震区的城镇几乎没有保存300年前的古建筑，现时所见"知国古城"的土基城墙也遭人为挖土破坏，剩余残迹不显当时特色。在极震区的外围和低烈度区，还保存一些古代建筑群，当时虽遭到损坏，但因后来及时复修，现在已难以看出震迹，如临沂的簧学大殿、莒县浮来山刘肥故居、曲阜的孔庙（图5-3）和孔府、邹城的孟祠等。

▲ 图5-3　山东曲阜孔庙重修二圣堂序碑——郯城地震遗迹

1.天然遗迹

在郯城大地震史料中，有二三十个州县记载了山崩地裂或滑坡等有关自然面貌破坏的现象。随着岁月流逝，人口繁衍，农田开发，人类住所、水利工程及工矿设施建设等，郯城大地震造成的山崩地裂、滑坡、喷沙冒水等自然景观逐渐消失。多年来虽有不少人曾到过有历史记载的地方去寻查山崩滑坡等遗迹，但都渺无踪迹。幸运的是，由于2000年春枣庄山亭镇熊耳山双龙大裂谷的发现，1668年郯城大地震在这里造成的山崩现象被发现了。据刁守中撰文介绍，熊耳山在枣庄市以北约25 km处，主峰南麓山脚附近为毛宅村，海拔483　km。山虽不高，却十分险峻。2000年3月初的一天，一个农民上山打猎，因追赶猎物发现一个大溶洞。此事传开后，当地政府十分重视，马上组织有关专家开展科学考察，发现并确认了熊耳山溶洞群。同年5月又进一步发现"山东仅有、全国罕见"的熊耳山双龙天然大裂谷及山崩遗迹（图5-4），现场保留有完好如初的山崩石堆，石块断面较新鲜，石堆中压有一个石碾槽，与当地传说的一个故事有关。传说山脚下原本有一个五六户人家的小村庄，300年前的一天夜里，忽然地动山摇，随着一声巨响，山崩地裂，整个村子被埋在大石堆下，除了一个外出串乡的货郎和一只猫幸免外，村内其他所有生灵全部遇难，这个石碾槽就是当时这个村子的村民碾米用的。这个传说的时间与1668年郯城大地震年代相符，也与康熙《峄县志》记载相符。

熊耳山大裂谷两壁岩石棱角较新鲜清晰，易于风化破坏的钟乳石石壁基本完整无损，甚至岩石顶部覆盖的黄土厚度也大体相当，说明大裂谷形成年代不长，且是一次形成的。大裂谷两壁错动方式复杂，以张性开裂为主，也有垂直下滑，还有水平左旋错动，说明裂谷形成的动力学过程复杂。这些裂谷和山崩都被认为是1668年郯城大地震所造成的证据。2002年3月28日，熊耳山双龙大裂谷及其东南方向约8 000 m的抱犊崮被国土资源部正式确定为国家地质公园，2007年4月被中国地震局批准为国家级典型地震遗址。

2. 地震碑迹

现在可以找到的较多遗迹主要是一些古建筑遗址和经地震损坏后修葺时所立的碑铭志，其中很多记载了地震时的情况和所修葺的建筑物当时的破坏情况。这次地震碑迹分布很广，最北到莒县、最南到江苏邳州市都有发现。目前保存的数量仅12

图5-4　熊耳山崩塌及双龙大裂谷

幢，这是大大缩小了的数字，在近二三十年的农田水利、农业生产、道路建设中，很多已当作"四旧"被破坏了。例如郯城县塔上乡新村红石崖古庙曾有一碑，现被新村小学当作石料砌垒在教室墙基内。许多地方的地震碑被用于修桥铺路或另作他用，如沂南县新兴庄的碑被凿了个洞作为架井台安装辘轳。临沂城西的太山行宫东狱庙碑，被博物馆收藏。从这些碑迹的分布看，虽然在震害严重的高烈度区和低度区内都有分布，但大多数碑在重破坏区，如太山行宫碑、重修子孙殿三义碑、都宪祖墓志文、赵氏碑、李贞毅碑、阎君殿碑、玉皇殿观音堂等。碑铭除震时破坏情况的记载外，对于发震日期也有较多记录，既有记录时刻的，也有记录余震的。

——地学知识窗——

郯城麦坡地震活断层遗址碑记

地球，是人类生活的家园；环境，是万物生存的方舟。大自然无私地奉献着一切，人类渡过了重重险滩叠嶂，走进了现代文明。认识自然、保护自然、利用自然是人类永恒的追求。

盘古开天，岁月留痕。山河沉浮几度，沧海桑田数变。在麦坡，一次次的地质活动，使白垩系地层断裂、错动，两组不同年代的地层呈断层接触，界线分明，蔚为壮观。她是地球向人们敞开心扉的倾诉，她把渺渺远古的印痕留下，她把自身孕育成长的历程展示。2006年，中国地震局批准"郯城麦坡地震活断层遗址"为国家级典型地震遗址。我们要把这一珍贵的自然遗迹永远地保护起来，永续地利用起来，让人们能够不时地来翻阅这本大自然的教科书。

勤劳质朴的郯城人民亘古至今生息在这片土地上，他们深深地眷恋着这片土地，把所有的希望都播撒在这片热土中。保护赖以生存的自然环境，利用大自然赋予的奇异遗迹，造福当代、泽被后世，是历史赋予我们的神圣职责。现代文明科学地揭示历史，帮助人们不断地修正航向，而历史前进的规律将会带动人类奔向更加辉煌的未来！

郯庐断裂纵横谈

郯庐断裂带，是我国东部一条规模宏伟、名扬中外的巨型断裂构造带，因早期发现于山东郯城与安徽庐江之间而得名。后经地质科学家多年的研究证实，它是一条纵贯东亚的移动的深大断裂带。

巨大的郯庐断裂带

郯庐断裂带是东亚大陆上的一系列北北东向巨型断裂系中的一条主干断裂带，它北起黑龙江的佳木斯，经吉林伊通、辽宁沈阳，过渤海到鲁中、苏北、皖中，最终达长江北岸的广济一带，在我国境内绵延2 400多km，往北进入俄罗斯境内，总长度近5 000 km，比著名的东非大裂谷带还长。另外，郯庐断裂带还是一条向下延伸，切穿地壳直达上地幔的断裂破碎带，其切割深度在50~100 km之间。

一、郯庐断裂三大段

郯庐断裂带是由多组呈斜列分布的多条断裂所组成的断裂带，根据各段的地质结构的不同，该断裂带从北到南可分为三段，即北段、中段和南段（图6-1）。

1. 北段

北段可分为三部分，南端是由一系列北东向的基底断裂组成的营潍断裂带，主要分布于渤海和辽河平原。营潍断裂带在沈阳附近向北分为东西两支，东支为密山—抚顺断裂带，该断裂带由两条平行的

逆断层组成，在辽宁省和吉林省断续出露，在黑龙江省的大部分地区被新近纪和第四纪玄武岩掩盖；西支为依兰—伊通断裂带，该断裂带主要分布于吉林省和黑龙江省境内，是划分中蒙和中朝两个活动地块的重要边界断裂。

▲ 图6-1 郯庐断裂带构造位置图

2. 中段

中段主要为山东部分的沂沭断裂带。主要由四条北东向断裂组成，自东而西分别为昌邑—大店断裂、安丘—莒县断裂、沂水—汤头断裂和郯郚—葛沟断裂。这四条断裂构成两堑一垒的复式地堑构造形式，两地堑中主要是白垩纪以来的火山碎屑沉积，即青山组和王氏组，部分地区可见古近纪地层零星出露。

3. 南段

该段处于大别与苏鲁造山带之间。本段断裂带是由多组呈斜列分布的多条断裂组合而成的断陷带，断陷内主要沉积了白垩纪和古近纪—新近纪地层。

二、郯庐断裂研究史

1898年德国人李希霍芬最早调查了郯庐断裂带，之后1923年谭锡畴在莒县发现正断层，到 1929 年李捷首次描绘出沿沂河谷地发育的由北北东向断层系所形成的两堑夹一垒的构造形态，1948年、1955年李四光教授又把它作为中新华夏系褶皱及冲断构造线在鲁中一带的代表，是控制鲁东与鲁西、辽东与辽西古生代沉积的重要界线。与此同时，1956 年徐嘉炜在调查江淮之间区域地质构造时，也曾指出在该区存在一条划分构造单元的北北东向巨型断裂带，它位于张八岭地轴与淮河地台、鲁东地盾与鲁西隆起之间。

1957 年原地质部 904 航磁队发现在山东郯城至安徽庐江有一条十分醒目的航磁正异常带，第一次正式命名为郯城—庐江异常带，引起国内外许多地质学者的关注。1962年黄汲清认为此断裂带可横切山东，穿过渤海入辽宁。随着对郯庐断裂带的一些地段开展较为详细的专题考察和研究，郯庐断裂带的全貌及构造特征逐渐被揭示出来。

1980年中国地质学会构造地质专业委员会在山东潍坊举行了郯庐断裂带的专题学术讨论会，学者们各抒己见，他们的许多观点均刊登在1984年的《构造地质论丛》中。

1987年国家地震局地质研究所也对郯庐断裂带进行了深入研究并出版了专著《郯庐断裂》，综合了地质、遥感、地震等各方面的研究成果，着重论述了郯庐断裂带在新生代活动性质以及与地震活动的关系，对郯庐断裂带形成与演化、平移运动、断裂力学特征、火山活动及影响地震活动的地质构造作了详细的叙述。认为郯庐断裂带是一条长期发展起来的地壳破裂带，也是一条规模巨大、结构复杂的超壳断裂带，更是一条现今仍在活动的地震构造带。

随着地质科学的不断发展，各专家学者对郯庐断裂带的研究不断深入，有

——地学知识窗——

李四光

李四光（1889~1971），湖北黄冈人，字仲揆，地质学家（图6-22）。早年加入同盟会，参加了辛亥革命。1919年毕业于英国伯明翰大学，获硕士学位。1920年回国。曾任北京大学教授、中心研究院地质研究所所长，从事古生物学、冰川学和地质力学的研究和教学工作。中华人民共和国成立后，历任中国科学院副院长、中科院古生物研究所所长、地质部部长、中科院地学部委员、中国科协主席，以及第二至四届全国政协副主席。李四光是中国地质力学的创立者，主张用力学研究地壳现象、探索地壳运动与矿产

图6-2　李四光（1889~1971）

分布的规律，把各种构造形迹看作是地应力活动的结果，从而创立了"构造体系"的基本理论。他用此理论分析了中国东部地质构造特点，认为新华夏构造体系的三个沉降带具有大面积储油层。在地震地质工作方面，主张在研究地质构造活动性的基础上观测地应力的变化，为实现地震预告指明了方向。著有《中国地质学》《地质力学概论》《地震地质》《天文、地质、古生物》等。

地质力学

地质力学是我国著名地质学家李四光创立的，它是力学和地质学相结合的边缘科学，即用力学原理研究地壳构造和地壳运动及其起因的科学。它从地质构造的现象（构造形迹）出发，分析地应力分布状况和岩石力学性质，追踪力的作用，从力的作用方式进而追索地壳运动方式，探索地壳运动的规律和起源。地质力学认为地壳运动的方式以水平方向的运动为主，而水平运动则起源于地球自转速度的变化。李四光把地球自动调节自转速度变化的作用称为"大陆车阀作用"，因而把这一假说称为"大陆车阀假说"。由于地球自转速率变化动力的作用方向主要是由高纬度向低纬度，从而形成三大类型的构造体系，即纬向构造体系（东西向构造带）、经向构造体系（南北向构造带）和扭动构造体系。

关郯庐断裂带的研究论文多达200余篇，并召开过4次全国性及若干区域性学术研讨会，从各种角度对郯庐断裂带进行了论述，取得许多丰硕的成果和真知灼见。

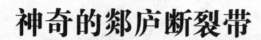

神奇的郯庐断裂带

郯庐断裂带是一条神奇的断裂带，它是地壳断块差异运动的结合带，是深源岩浆活动带。它经历了多期次的构造活动，形成了一系列壮丽的火山景观，蕴藏了丰富的矿产资源，但也让沿带人民长期受到地震的威胁。

一、郯庐断裂带的形成与演化

郯庐断裂带经历了多期次复杂多样的构造运动，是一条"长寿"的以剪切运动为主的深大断裂带。郯庐断裂带是早白垩世形成的，其主体在前白垩纪时是三条断裂：古郯庐断裂、辽渤断裂和敦化—密山断裂。随着亚洲大陆雏形的出现，这三者在早白垩世时连成一体，成为郯庐断裂带，其规模进一步扩大。早白垩世早期是郯庐断裂带发育的全盛期，它的左行走滑活动控制了中国中东部的近北东向断裂均发生左行剪切；早白垩世晚期由走滑转换为伸展，指示燕山造山带开始坍塌。新生代是郯庐断裂带的宁静期，至更新世时，原郯庐断裂带的各段已表现出明显不同的活动方式。现今的郯庐断裂带仍继承着新构造运动方式，以左旋逆推为主，至今仍在活动。

二、郯庐断裂矿产丰富

郯庐断裂带上的板块运动、岩浆活动使得其成为一条控制矿产形成的构造带，沿断裂带形成的凹槽里，既有多次岩浆侵入与喷发，也有几千米厚的沉积物，因此形成了种类繁多的矿产。如辽宁鞍山铁矿，岫岩县岫岩玉石（图6-3），辽宁、山东金刚石原生矿，江苏东海水晶（图6-4）、云母、金红石（图6-5），黑龙

🔺 图6-3 辽宁岫玉雕件

🔺 图6-4 江苏东海水晶王

🔺 图6-5 江苏东海金红石

——地学知识窗——

柯石英

　　柯石英是一种石英在几万bar（1 bar=10^5 Pa）的超高压变质作用下形成的变质矿物，通常要在地下80 km左右地层中才达到这种高压。柯石英是硅原子成四次配位的 SiO_2 各同质多象中结构最紧密的一种变体，亦称单斜石英。通常呈小于 5 μm的粒状产出。无色透明，玻璃光泽。无解理，莫氏硬度约为8。柯石英是来自地球深处的信使，它的出现，可作为所赋存的岩石曾处于很高压力条件下的可靠标志，是地壳运动留下的记录，用它可研究超高压变质作用和板块碰撞作用，分析推测地球深部物质的运动，描述沧海桑田的变化规律。另外，它在陷坑中出现时，更可作为陨石撞击起源的有力证据。

江、安徽的多金属矿等。另外，带内的大别山—胶南地区是全世界发现4个含柯石英的高压变质带中规模最大、最完善、出露最好的变质带。

　　郯庐断裂两侧蕴藏着丰富的煤炭、石油和烃类气体等能源矿产。在北段依兰—伊通中新生代断裂带这条狭长的凹槽里，沉积了与抚顺煤层同时代的含煤层。我国东部黑龙江、吉林、辽宁、河北、山东、江苏等地许多含油气盆地分布于郯庐断裂带两侧（图6-6），其形成和演化与郯庐断裂直接有关。沿郯庐断裂上涌的地幔流，或通过提供部分生油物质，或通过发挥催化剂的作用，或通过自身带来的热促进盆地沉积有机质的演化、降低生油门限温度等对石油和烃类气体矿产的生成做出了重要贡献；而郯庐断裂衍生的分支断裂，对石油和烃类气体的运移和储集也发挥了不可忽视的作用，因而我国东部目前探明的石油储量主要在郯庐断裂带两侧的盆地中。郯庐断裂带还分布有丰富的地热资源。它的构造—岩浆活动表明，断裂带及邻区为一地热异常带，地下热水及温泉较发育。一般认为温泉的形成是岩浆活动的结果，就郯庐断裂带而言，伴随着断裂带的形成和演化，构造及热能量的释放是

▲ 图6-6 大庆油田

温泉形成的直接因素。

郯庐断裂带内还蕴藏着丰富的金属，包括铬、镍、铁、金、铜、钼、钨、锡、铅、银等。与超基性、基性岩有关的镍、铁、铜等矿产主要分布于华北地台北缘褶断系与郯庐断裂带的交汇处附近，而与中性岩有关的铁、铜等矿产主要分布于华北地台南缘褶断系与郯庐断裂带的交汇处附近。金矿沿郯庐断裂两侧由北而南均有分布，但规模、时代、类型和组合有所不同。北部如东北地区、河北和山东等地，规模较大，成矿时代主要为燕山期，

与花岗岩关系密切，金矿类型以含金石英脉型、蚀变岩型和接触交代型为主，矿石中含银较少，南部规模较小，类型以斑岩型和火山岩型较为多见，矿石中含银较多。钼、钨、锡、铅、银等矿产主要分布于长江中下游地区，东北地区也分布有铅锌矿床。

郯庐断裂带内的非金属矿产也很丰富，包括金刚石（图6-7）、蓝宝石（图6-8）、水晶、金红石、蛇纹石、云母等。郯庐断裂带内最著名的非金属矿产非金刚石莫属，已知金刚石原生矿床分布于

构造上相对稳定的华北地台和扬子地台区郯庐断裂带两侧的次级断裂中,吉林通化、辽宁瓦房店、山东蒙阴、湖北京山等地是金刚石的主要产地。带内玄武岩中,相继发现了许多蓝宝石矿床,主要分布在山东昌乐、江苏六合、黑龙江穆林等地,其中昌乐蓝宝石质量最佳。

▲ 图6-7 金刚石晶体

▲ 图6-8 蓝宝石晶体

三、郯庐断裂带地震多发

郯庐断裂带也是一条具有明显分段、活动强度不等的地震活动带。自古至今，郯庐断裂带及其附近两侧，大大小小的地震活动从未间断过。1668年7月25日8.5级山东郯城地震，1888年6月13日渤海湾7.5级地震，1975年2月4日海城7.3级地震……据统计研究，自公元1400年以来，以郯庐断裂为中心200 km范围内共发生8.5级地震1次，7.0~7.9级地震5次，6.0~6.9级地震11次，弱震、微震更是数不胜数。郯庐断裂带近代小震活动表现出南段随机性、中段呈线性、北段具有密集区带性等特点，震源深度则表现出南、北段浅，中段深。

郯庐断裂与苏、鲁交界交汇部位，自1990年以来一直被国家地震局列为地震危险重点监视区，近年来也是地震频发，如1995年9月20日山东苍山发生5.2级地震，2003年6月山东青岛又发生4.3级小震群活动，2012年7月20日，江苏扬州高邮发生4.9级地震……这些大大小小的地震，是郯庐断裂带一次次间歇性活动的结果。李四光曾经预测，郯庐断裂带上一旦发生地震，其毁灭性可能是唐山大地震的好几倍，因此，该地区的地震活动值得我们高度重视和深入研究。

参考文献

[1]孔庆友，张天祯,于学峰,等.山东矿床[M].济南：山东科学技术出版社,2006.

[2]孔庆友.山东地学话锦绣[M].济南:山东科学技术出版社,1991.

[3]孔庆友等.地矿知识大系[M].济南:山东科学技术出版社,2014.

[4]方仲景.巨大的郯庐断裂带[J].地球,1982(01):16-17.

[5]山东地质学会.郯城—庐江断裂(山东区段)地质旅行指南[J].//中国地质学会成立六十周年
    (1922~1982).论文集,1982.

[6]李洪奎,杨永波,杨锋杰,等.山东沂沭断裂带构造演化与成矿作用[M].北京：地质出版社,2009.

[7]方仲景,丁梦林,计凤桔,等.郯城—庐江断裂带地震活动的地质分析[J].地震地质,1980,2: 39c45.

[8]严乐佳.郯庐断裂带山东段新构造活动特征与动力学机制[D].合肥: 合肥工业大学 硕士学位论文,
    2013, 4.

[9]王华林,耿杰. 1668年郯城8.5级地震断裂的某些特征[J].华北地震科学,1992,10: 34-42.

[10]王久华.山东金刚石资源分布规律与结晶学特性[J].上海国土资源,2011,32(4): 43-48.

[11]杨启俭,杨明,李宁.沂沭断裂带成热地质条件研究[J].地质调查与研究,2008,31(3).

[12]郭瑞朋,王来明,田京祥.沂沭断裂带中段金矿特征及找矿方向研究[J].山东国土资源,2014,30(1):
    1-6.

[13]陈宣华,王小凤,张青.郯庐断裂带形成演化的年代学研究[J].长春科技大学学报，2000,30(3):
    215-220.

[14]牛漫兰,朱光,刘国生,等.郯庐断裂带中—南段新生代火山活动与深部过程[J].地质科
    学,2005,40: 390-403.

[15]牛漫兰,朱光,宋传中,等.郯庐断裂带火山活动与深部地质过程的新认识[J].地质科技情报,

2000, 19: 21-26.

[16]万天丰.郯庐断裂带的演化与古应力场[J].地球科学,1995: 526-534.

[17]万天丰,朱鸿,赵磊等. 郯庐断裂带的形成与演化:综述[J].现代地质,1996, 10(2):159-168.

[18]万天丰,郯庐断裂带的延伸与切割深度[J].现代地质,1996, 10(4):518-525.

[19]王小凤,李中坚,陈柏林, 等.郯庐断裂带[M].北京:地质出版社, 2005：1-2.

[20]山东地质矿产局.山东省区域地质志[M].北京:地质出版社, 1991.

[21]徐嘉炜.郯城—庐江深断裂带的平移运动[J].华北地质, 1964, (5).

[22]徐嘉炜,朱光,吕培基, 等.郯庐断裂带平移年代学研究的进展[J].安徽地质, 1995, 5(1):1-12.

[23]徐嘉炜,马国烽.郯庐断裂带研究的十年回顾[J].地质论评, 1992, 38(4):316-324.

[24]徐嘉炜.郯庐断裂带巨大的平移运动[J].合肥工业大学学报, 1980, (1).

[25]张文佑.地堑形成的力学机制[J].中国科学院院报, 1980, 2(1).

[26]高维明, 李家灵, 孙竹友.沂沭大陆裂谷的生成与演化[J].地震地质, 1980, 2(3):11-18.

[27]张祖陆.沂沭断裂带构造地貌格局及其形成与演化[J]. 山东师大学报: 自然科学版, 1990, 5(4):11-18, 74-79.

[28]宋明春,王沛成主编.山东省区域地质[M].济南:山东省地图出版社, 2003.

[29]张培强.山东蓝宝石的特征研究[J].山东地质, 2000, 16(4): 27-32.

[30]晁洪太, 李家灵, 崔昭文, 等.郯庐活断层与1668年郯城8.5级地震灾害[J]. 海洋地质与第四纪地质, 1995, 15: 69-80.

[31]朱光, 刘国生,牛漫兰, 等.郯庐断裂带晚第三纪以来的浅部挤压活动与深部过程[J].地震地质, 2002, 24: 265-277.

[32]朱光, 王道轩, 刘国生, 等. 郯庐断裂带的伸展活动及动力学背景[J].地质科学, 2001,36: 269-278.

[33]杨启俭,王宏雷,等.山东郯城马陵山地质公园综合考察报告[R].山东省第七地质矿产勘查院,2006, 10.

[34]商婷婷, 刘瑞峰, 姚英强, 等.山东昌乐火山国家地质公园综合考察报告[R].山东省地质环境监测总站, 2013, 11.

[35]程光锁, 陶卫卫, 吴清资. 山东临沭县岌山省级地质公园综合考察报告[R]. 山东省地质科学实验

研究院, 2012, 08.

[36]徐孟军, 刘来有, 柏鉴清. 齐鲁石谱[M]. 济南: 山东省地图出版社, 2010.

[37]张鹏, 王良书, 石火生, 李丽梅, 谭慧明. 郯庐断裂带山东段的中新生代构造演化特征[J]. 地质学报, 2010, 84(9):1317−1323.